공대생도 잘 모르는
재미있는
공학
이야기

공대생도 잘 모르는 재미있는 공학 이야기

한화택 지음

관찰, 측정, 계산, 상상, 증증   공학한다는 것의 모든 것!

플루토

과학은 탐구하고 공학은 창조한다

공학? 공학이 뭐지? 공대생은 아는데….

사실 공학은 우리 주변에 매우 가까이 있다. 가까운 정도가 아니라 매일 아침에 일어나서부터 잠자리에 들 때까지 공학기술 속에서 살고 있다. 핸드폰은 우리가 모르는 사이에도 접속신호를 주고받으며 기지국과의 통신상태를 유지하고, 냉장고는 알아서 압축기를 온오프시키며 냉장실의 온도를 제어한다. 수도꼭지만 틀면 더운물이 쏟아져나오고, 버튼만 누르면 엘리베이터가 달려온다. 이렇듯 생활 속의 공학기술은 우리에게 너무 익숙해져서 그 존재 자체를 잊고 살 때가 많다.

어디 이뿐인가? 우리들 주변에 있는 각종 기계에 숨겨진 기발한 작동원리나 번득이는 아이디어를 알아내는 것처럼 재미있는 일도 없다. 조금만 관심을 가지고 들여다보면 상식적으로 이해하지 못할 어려운 이치가 들어 있는 것도 아니다. 어린 시절 벽시계를 분해하다가 튕겨져나간 태엽과 쏟아져나온 톱니바퀴들에 당황하고, 고장난 카메라를 수리해보겠다고 덤볐다가 셔터의 작동 메커니즘에 몰두한 적이 있다. 사람들은 어릴 때부터 무언가 만들거나 부수는 걸 좋아한다. 인간은 본래 도구제작 본능이 있기 때문이다. 그런 의미에서 인간을 도구적 인간, 호모 파베르homo faber라고 부른다.

기술은 이루고자 하는 목적이 있고 목적을 실현하기 위한 방법이 있다. 방법은 다양하다. 유일한 방법이란 없다. 그래서 기술의 결과는 오히려 개성적이다. 그런 의미에서 기술은 예술art과 유사하다. 다만 예술은 미美를 추구하고 기술은 유용성을 추구한다는 차이가 있을 뿐이다. 경험으로 얻은 기술들이 과학적 원리와 수학적 논리와 결합되어 논리화되고 일반화된 지식체계를 우리는 공학engineering이라 한다. 즉 공학은 기술의 과학engineering science이다.

미국 제트추진연구소JPL의 초대 소장인 유체공학자 시어도어 폰 카르만 Theodore von Kármán은 "과학은 탐구探究하고 공학은 창조創造한다Science explores, and engineering creates"고 말했다. 기초과학이 자연현상에 대한 지적 호기심에서 출발해 사물의 본질을 탐구하는 것이라면, 공학은 실제 필요에 의해 존재하지 않는 무언가를 새로이 만들어내는 것이다. 새로운 자연현상을 탐구하는 것도 의미가 있지만, 실제 사람들의 생활을 편리하고 이롭게 만드는 공학 역시 매우 의미 있는 일이다. 더욱이 그것을 이루기 위해 똑같은 과학적 원리를 이용하더라도 하나의 정답이 있는 것이 아니라 다양한 기술적 조합이 가능하기 때문에 공학에는 보다 높은 창의성이 요구된다.

공학은 사람들에게 유용한 무언가를 만들어야 하기 때문에 수학이나 과학적 지식에 더해 사람과 사회에 대한 이해도 아울러 필요로 한다. 팔길이가 긴 지렛대를 이용하면 적은 힘으로도 무거운 물건을 들어올릴 수 있다는 사실은 잘 알려진 물리학적 원리다. 그런데 이러한 지렛대가 사람들에게 실제 도구로 이용되려면 사람 손의 크기라든가 팔로 발생시킬 수 있는 힘의 범위 같은 것들을 감안해 만들어야 한다. 강을 건너기 위한 다리도 마찬가지다. 무너지지 않을 정도로 튼튼한 것만으로는 부족하다. 그 지방 사람들의 생활패턴을 분석하고 앞으로의 교통량을 예측하여 최적의 유용성을 이끌어낼 수 있도록 다리의 위치와 크기가 설계되어야 한다. 여기에는 경제학적인 타당성과 현실성도 포함된다.

이 세상에는 과학을 말하는 과학자가 있고 수학을 말하는 수학자가 있다. 그런데 공학을 말해주는 공학자는 별로 없는 것 같다. 여러 이유가 있겠지만 대부분의 공학자는 너무 바쁘다. 빠르게 발전하는 공학기술을 따라가기 벅차기 때문에 여유를 갖고 뒤를 돌아보거나 자신의 일을 남들에게 찬찬히 설명해줄 시간이 별로 없다. 게다가 기술이 점점 전문화되다 보니 세분화된 전공 분야에 머물며 전체를 보기 어렵고 심지어 바로 인접 분야의 기술에 대해서도 이해하지 못하는 경우가 많다.

무엇보다 대부분의 공과대학 출신들은 글쓰기를 썩 좋아하지 않는다. 장황하게 말로 풀어서 설명하는 것을 싫어하고 모든 것을 함축적인 수식이나 그래프로 깔끔하게 표현하고자 한다. 그러다보니 대부분의 기술보고서나 공학 관련 서적들은 보통 사람들에게 해독하기 난해한 고대문자처럼 느껴진다.

자연과학적 지식과 사회적 요인을 고려해 인간을 이롭게 하는 공학의 매력을 공학자들이 보통 사람들에게 쉽게 설명할 수 있으면 좋겠다. 그런 의미에서 공학자와 보통 사람들 사이의 소통이 필요하다. 과학을 위한 과학은 있을 수 있으나 공학을 위한 공학은 있을 수 없기 때문이다.

이 책은 공학자의 생각을 이야기한다. 공학자의 머릿속에는 어떤 생각이 들어 있는지 들여다보면서 사물을 관찰하고 원리에 접근하고 문제를 해결하는 방식을 엿볼 수 있을 것이다. 이게 바로 공학이 아니겠는가. 아울러 공학자의 관점에서 바라본 세상이야기이기도 하다. 어렵게만 느껴지는 과학 지식이나 수학적 표현들이 어떻게 세상과 만날 수 있는지 소개한다.

필자는 지난 30여 년간 대학 강단에서 유체역학, 열전달, 공업수학, 기계계측 등 공학 강의를 해왔다. 강의 때마다 학생들이 기본원리나 개념들을 쉽게 이해할 수 있도록 일상생활 속의 사례를 농담과 버무려 이야기하곤 했다. '난해한' 수식으로 표현된 공학이론 속을 헤매다가 '세상을 널리 이롭게 한다'는 공학의 본분을 망각하기도 하는 우리 학생들이 엉뚱한 발상과 기발한 분석을 통해 현실적으로 공학을 이해하고 삶속 교훈과 연결시킬 수 있도록 노력했다. 그 이야기를 이제 공대생이 아닌 일반 독자들에게도 풀어놓으려고 한다.

여기 소개된 50여 편의 이야기는 대한설비공학회 《설비저널》에 연재된 내용을 정리한 것이다. 2007년 초판이 출간된 이래 과학기술부 우수과학도서와 한국출판문화산업진흥원 청소년권장도서에 선정되고, 공과대학의 부교재나 대입논술 자료로 활용되기도 하는 등 많은 사랑을 받았다. 하지만 10년이 지난 지금 시대에 맞지 않는 내용들이 더러 있고 설명이 부족한 부분을 보완할 필요가 있어 이번에 개정판을 내게 되었다.

이 책이 기초지식을 탐구하는 순수과학과는 또 다른, 실생활의 응용과 창의성을 강조하는 공학적 사고에 접할 수 있는 기회가 되었으면 한다. 좀더 바라자면 일상에서 대화할 때 이 책에서 다뤘던 내용들이 재미있는 이야깃거리가 되었으면 한다. 공대생들 역시 전공책과는 다른 방법으로 과학에 대한 이해의 깊이를 더하고, 인문학과의 연관성에 대해서도 이해의 폭을 넓혀나갈 수 있을 거라 생각한다.

끝으로 이번 개정판을 위해 애써주신 플루토 대표님께 감사드린다.

한화택

차례

머리말 과학은 탐구하고 공학은 창조한다   4

1부 ─────────────────────────────
살피고 재고 맛보고

2부
수와 식으로 그린 자연

3부

자연의 법칙이 생활 속으로

4부
공학자의 생각

1부

살피고 재고 맛보고

1
검사체적
관심 범위는 어디까지?

옛날 중국 초나라의 공왕은 활쏘기를 좋아했다. 하루는 사냥을 나갔다가 아끼던 활을 그만 사냥터에 놓고 돌아왔다. 뒤늦게 이 사실을 안 신하들이 다시 가서 찾아오겠노라 청했다. 그러자 공왕은 자신이 국경을 넘지 않았으므로 그 활은 초나라 안에 있을 것이라며 "초나라 사람이 흘린 활을 초나라 사람이 주워서 쓸 텐데 무엇 하러 찾으려 하느냐?"고 말하고 그만두게 했다. 신하들은 임금의 넓은 도량에 감복했다. 그러나 이이야기를 전해 들은 공자는 탄식하며 말했다.

"안타깝구나, 옹졸한 사람 같으니라고. 사람이 흘린 활을 사람이 줍는다 하지 못하고, 하필 초나라 사람이라 했단 말인가?"

누구나 자신이 설정하고 있는 관심의 범위가 다르다. 보통 사람에 비하면 넓은 도량을 가진 초나라 공왕이었지만, 공자는 그가 좀더 너그럽지 못해 안타까워한 일화다.

우리가 관심을 갖고 관찰하는 범위를 검사체적$^{\text{control volume}}$이라고 한다. 검사체적이란 공학에서 질량보존법칙이나 에너지보존법칙을 설명하기 위해 설정해놓는 가상적인 공간을 말한다. 검사체적은 검사표면$^{\text{control surface}}$으로 이루어져 있고, 검사표면을 통해 물질이나 에너지가 들어가거나 나온다. 물리학자와 공학자들은 검사체적 내의 상태나 검사표면을 통해 들어오고 나가는 물질이나 에너지를 관찰하기 위해 공간상에 고정된 관심 체적을 설정한다.

검사체적은 수학적인 제로에 접근하는 미소微小 검사체적에서부터 하나의 기계부품이나 전체 시스템을 포함하는 경우까지 다양하게 설정할 수 있다. 예를 들어 보일러의 열 관리를 위해서는 보일러를 검사체적으로 설정하여 열의 유입과 유출을 계산해야 하며, 저수 댐의 물 관리를 위해서는 댐으로 만들어진 호수만 한 크기의 검사체적을 설정해야 한다. 지구의 에너지 평형을 고찰하려면 지구를 하나의 검사체적으로 설정하고 지구로 들어오는 태양에너지와 지구에서 방출되는 복사에너지를 고려한다. 심지어 태양계나 은하계가 관심대상이라면 이를 포함하는 거대한 검사체적을 설정한다. 어디까지를 검사체적으로 설정할 것인가는 자신의 관심 범위에 달려 있다.

이렇듯 검사체적은 관심의 대상이 되는 공간상에 고정된 가상 체적을 의미한다. '공간상에 고정되었다'고 표현하지만, 등속운동하는 좌표계에 고정된 경우도 포함한다. 기차나 비행기를 타고 가면서 관찰자와 함께 이동하는 검사체적을 설정할 수도 있기 때문이다.

검사체적을 우리가 흔히 쓰는 개념인 시스템system(또는 계)과 비교할 수 있다. 검사체적이 공간상에 고정된 체적인데 비해 시스템은 물질로 이루어진 집합체, 다시 말해 물질 그 자체를 의미한다. 자동차나 공처럼 물질의 경계가 명확한 경우에는 시스템이 분명하므로 시스템을 따라가면서 관찰하면 된다. 하지만 공기의 흐름처럼 물질의 경계가 불분명하거나 계속 변화할 때는 시스템을 따라가면서 관찰하는 것이 불가능하다. 이때는 공간상에 검사체적을 설정해놓고 편하게 앉아 이곳을 통과해 지나가는 공기의 상태를 관찰하면 된다.

'우리'라는 범위를 설정하는 것도 공학에서 검사체적을 설정하는 것과 크게 다르지 않다. 어디까지를 우리라고 생각할지는 그때그때의 필요와 관심 범위에 따라 달라진다. 나는 나 개인이면서 동시에 우리 학과의 일원이며 또 우리 대학의 일원이다. 그런가 하면 우리나라 국민의 한 사람이며 지구상의 인간 중 한 명이며 여러 동물들 중 하나다. 다른 학과와 체육대회를 할 때는 우리 학과를 응원하지만 다른 대학과 경기할 때는 다른 학과와 힘을 합쳐 우리 학교 팀을 응원한다.

우리라는 울타리를 어디까지로 생각하느냐에 따라 우리의 행동은 크게 달라질 수 있으며, 심지어 서로 상반되는 행동을 할 수도 있다.

우리는 자기 자신이나 가족만을 생각하는 소아小我적인 마음과 넓은 의미의 우리를 생각하는 대아大我적인 마음을 복합적으로 지니고 있다. 소인과 대인은 우리라는 검사체적을 어디에 얼마나 크게 설정하고 살아가느냐에 따라 결정된다고 할 수 있다. 나의 검사체적 범위를 점점 넓혀나가 무한대로 큰 검사체적에 도달한다면 성인의 경지에 이르렀다 할 수 있지 않을까.

2
라그랑주
물체의 움직임을 좇아서

물체의 운동을 관찰하는 방법에는 두 가지가 있다. 첫째는 물질로 이루어진 '시스템'을 따라가면서 관찰하는 방법이고, 둘째는 공간상에 고정된 '검사체적'을 통과하는 물체를 관찰하는 방법이다.

강체rigid body(외력이 가해져도 크기나 모양이 변화하지 않는 물체)의 움직임을 다루는 학문인 동역학dynamics에서처럼 관찰대상이 명확한 경우 그 대상을 추적하며 관찰하는 첫 번째 방법을 이용하는 것이 일반적이다. 이러한 관찰방법을 라그랑주 방법Lagrangian method이라고 한다.* 예를 들어 시간에 따라 우주선의 경로를 추적한다거나 자동차의 속도 변화를 관찰할 때 사용한다.

행성들의 움직임을 고전적인 뉴턴역학으로 설명할 수 있는 것은 대상

18

시스템이 명확하게 정의되어 있기 때문이다. 힘과 질량과 가속도의 관계를 나타내는 뉴턴의 법칙 $F=ma$에서 질량이 적용될 물체가 분명하기 때문에 이 물체에 작용하는 모든 힘들을 합쳐 물체의 가속도를 결정할 수 있다. 공을 던져 포물선 궤적을 해석할 때도 마찬가지다.

그러나 물이나 공기의 흐름 같이 대상이 되는 물체의 경계가 불분명해 시스템을 설정하기 어려울 때는 앞 장에서 설명했듯이 공간상에 고정된 검사체적을 쳐놓고 그곳을 통과하는 불특정 대상들을 관찰하는 쪽이 편하다. 기상 관측을 위해 풍속을 측정하는 경우가 그렇다. 이때는 특정한 공기 입자를 따라가며 속도를 측정하는 것이 아니라 풍속계를 지나가는 공기 입자들의 속도를 측정한다. 풍속계가 측정하는 것은 공기 입자 하나의 속도가 아니라 매순간 지나는 서로 다른 공기 입자의 속도다.

도로에 설치된 교통 카메라로 차량의 속도를 관찰하는 것도 마찬가지다. 아침 출근시간에 카메라에 나타나는 차량속도의 변화를 그래프로 그릴 수는 있겠지만, 이 그래프에 나타난 속도 기울기는 뉴턴의 법칙이 적용되는 차량의 가속도와는 다르다. 차량의 가속도는 특정 차량을 추적하는 라그랑주 방법에 의해 측정되었을 때의 속도변화율이다. 이렇듯 고정된 검사체적을 놓고 관찰하는 방법을 오일러 방법Eulerian method이라고 한다.* 복잡한 변환과정을 거치면 라그랑주와 오일러 두 방법으로 관찰된 결과를 상호 변환할 수 있다.

한 물체에 초점을 맞추고 상세한 움직임을 파악하기 위해서는 라그랑주 방법이 좋고, 공간의 전반적인 분포 상황을 파악하기 위해서는 오일러 방법이 좋다.

한 사람의 하루 일과를 파악하려면 그 사람을 종일 따라다니면서 관찰하는 것이 가장 단순하면서 완벽한 정보를 얻을 수 있는 방법이다. 어디 가서 무슨 일을 하는지 누구를 만나는지 속속들이 알 수 있다. 횡포에 가깝다고 생각되지만 이러한 관찰은 뒷조사 업체에 의뢰하면 가능할 법하다. 한 사람의 일과를 소개하기 위해 카메라맨이 라그랑주 방법으로 하루 종일 쫓아다니면서 취재하는 텔레비전 프로그램도 있다. 더군다나 요즘은 핸드폰의 위치추적 시스템을 이용하면 그야말로 한 사람에 대해 완벽한 라그랑주 궤적을 얻을 수 있다.

그런데 요즘은 이러한 직접적인 라그랑주 추적에 비하면 별것 아닌 것 같은 오일러 추적에도 점점 신경이 쓰이는 것이 사실이다. 한번 생각해보자. 아침에 출근하려고 아파트에서 나올 때 엘리베이터 카메라에 내 얼굴이 잡힌다. 주차장을 빠져나갈 때 차량 번호판이 카메라에 잡히고, 한강 다리를 건널 때도 도로 곳곳에서도 교통 카메라에 촬영된다. 학교 주차장에 들어갈 때는 차량 번호가 인식되면서 차단기가 열린다. 연구실에 들어가려면 전자키로 문을 열어야 하고, 컴퓨터를 켜서 로그인할 때 사용자 ID를 입력한다. 몇 시에 출근해서 어느 사이트를 방문했는지가 모두 기록된다.

강의실 입구에 부착된 전자출결 시스템으로 학생들의 출석을 확인하기 때문에 어느 강의실에서 몇 명이 수강했는지가 기록에 남는다. 당연히 무단 휴강은 불가능하다. 업체를 방문하려고 지하철과 버스를 탈 때면 교통카드를 사용한다. 방문 업체에 도착하면 수위실에 신분증을 제시하고 출입일지에 이름과 방문시간을 적는다. 식당에서 저녁을 먹고 카드로 결제하니 영수증에 식당 이름과 시간이 찍힌다. 다시 차를 타고 집으로 돌아오는 동안에도 여러 차례 교통 카메라와 만나야 하고, 아파트에 돌아와

서는 주차장, 엘리베이터 등의 카메라가 역순으로 내 모습을 잡는다.

물론 이러한 하나하나의 개별적인 오일러 정보들은 그리 중요하지 않다. 통행하는 수만 대의 차량 중 한 대에 불과하고, 수많은 방문객 중 한 사람에 불과하다. 또 다행히도 아파트 카메라의 정보와 식당 영수증 정보, 업체 방문일지의 정보는 서로 공유되지 않는다. 그러나 이러한 단편적인 오일러 정보들이 하나로 통합된다면 나의 하루 일과에 대해 나를 따라다니면서 수집한 라그랑주 정보와 똑같은 정보를 만들어낼 수 있다.

생활이 점점 디지털화되면서 전자키와 신용카드 사용이 늘어나고, 가는 곳마다 보안용 감시 카메라가 늘어나고 있다. 핸드폰 위치추적 기능을 꺼놓는다 하더라도 개인의 행적은 완벽하게 노출될 수 있다. 한마디로 '꼼짝 마라'다. 여기에 주민등록 사항, 재판 관련 사항, 출입국 사항, 세금 납부 사항, 부동산 등기 사항, 병력 사항 등이 전산화되어 모두 통합된다면 하루하루의 행적뿐 아니라 한 사람의 인생 행적을 컴퓨터 손바닥 위에 놓고 들여다볼 수 있을 것이다.

떳떳하지 못한 일을 미리 막을 수 있어 좋기만 할까? 이런 식이라면 앞으로는 숨쉬기가 더욱 힘들어질 것이다. 내가 고등학생일 때 생활지도 선생님은 선술집이나 영화관 앞에서 야구방망이를 들고 자신의 감시망에 들어오는 학생들만 오일러 방식으로 잡았다. 오래전 이야기지만 인간적이었던 그 시절이 그리워진다.

조제프 루이 라그랑주Joseph Louis Lagrange(1736~1813)

프랑스의 수학자이자 천체역학자로 이탈리아 토리노에서 태어났다. 열아홉 살에 이탈리아 왕립 육군포병학교의 수학 교수가 되었고, 1766년 프리드리히 2세의 초청으로 오일러의 뒤를 이어 베를린 과학아카데미의 수학부 수장이 되었다. 라그랑주는 뉴턴역학을 새롭게 공식화한 라그랑주 역학을 개발했는데, 기존의 고전역학보다 물체의 운동을 더 쉽게 다룰 수 있도록 해준다.

레온하르트 오일러Leonhard Euler(1707~83)

스위스의 수학자로 바젤에서 태어났다. 요한 베르누이에게 수학을 배운 후 독일과 러시아의 학사원에서 활약했다. 해석학의 화신이자 최대의 알고리스트로 일컬어진다. 말년에 시력을 잃었으나 뛰어난 기억력과 강인한 정신력으로 초인적인 연구활동을 계속했다. 미적분학뿐 아니라 대수학, 정수론, 기하학 등 여러 방면에 걸쳐 큰 업적을 남겼다. 삼각함수의 생략기호인 sin, cos, tan를 창안했고 널리 알려진 '오일러의 정리' 등을 남겼다.

3
상대운동
절대적인 것, 상대적인 것

　나는 헬스센터에서 운동할 때마다 상대운동relative motion을 체험하곤 한다. 지구에 대해 내 몸의 위치는 고정시킨 채 바닥면을 반대 방향으로 움직이는 러닝머신은 지구에 대해 내 몸의 위치를 이동시키는 운동장 달리기와 똑같은 상대운동을 하도록 해준다. 또한 팔굽혀펴기로 지구 중력에 대해 내 몸의 위치에너지를 변화시키는 대신 팔운동 기계를 사용해 내 몸의 위치는 고정시킨 채 두 팔로 역기의 위치에너지를 변화시킴으로써 똑같은 운동효과가 나도록 한다. 이렇듯 상대운동을 활용해 근육 구석구석을 발달시키는 기발한 헬스기계가 다양하게 개발되어 있다.

　물체의 운동을 기술할 때 고정된 절대좌표계absolute coordinate system를 이용하는 경우도 있지만, 대상 물체와 함께 이동하는 상대좌표계relative

coordinate system를 이용하는 것이 편리할 때가 많다. 상대속도란 절대속도에서 좌표계 자체의 이동속도를 뺀 값이다.

$$\vec{V}_{상대}=\vec{V}_{절대}-\vec{W}_{좌표계}$$

　절대속도를 엄밀하게 표현하면 우주에 절대적으로 고정되어 있는 점, 그 점을 기준으로 한 속도다. 그러나 우리가 보통 절대좌표를 생각할 때는 절대적 고정점이 아니라 편의에 따라 커다란 물체 또는 지구상에 고정된 지점을 중심으로 하는 경우가 많다. 따라서 절대운동이란 사실 절대적인 절대운동이 아니라 지구를 중심으로 하는 상대적인 절대운동이라고 할 수 있다.

　지구의 상대운동을 생각해보자. 옛날 사람들의 천동설이나 지구중심설은 아주 자연스러운 생각이었다. 직감적으로나 정서적으로나 내가 발붙이고 있는 땅은 고정되어 있고 하늘이 회전한다고 믿는 것이 당연하다. 고대 그리스시대에는 여기에 철학적 해석과 기하학적 설명이 추가되었고, 중세 봉건시대에는 신학적 권위가 주어졌다. 이러한 분위기에 지동설을 내놓는 것은 위험한 일이었지만, 용기 있는 주장 덕분에 잘못을 바로잡고 과학적인 진실에 접근할 수 있었다.

현재 우리가 가지고 있는 생각은 코페르니쿠스^{Nicolaus Copernicus(1473~1543)}가 주장한 태양중심설에 가깝다. 초등학교 천체도감은 태양에서 가까운 순서로 수성, 금성, 지구, 화성, 목성, 토성 등의 행성들을 배열시키고, 각 행성들은 태양 주위를 원운동 또는 타원운동한다고 묘사한다. 그리고 지구는 1년을 주기로 태양 주위를 돌아 원래 위치로 돌아온다고 설명한다.

지구중심설이 좌표의 원점을 지구에 두었다면 태양중심설은 태양에 두고 있다. 커다란 진보라고 볼 수도 있지만, 태양이 우주 안에 고정되어 있는 존재가 아니라는 점을 생각하면 반드시 옳다고 말할 수는 없다. 태양계 전체가 은하계를 중심으로 커다란 공전운동을 하고 있고, 은하계 전체는 더욱 커다란 운동을 하고 있다. 그러므로 지구의 궤적은 절대적 우주공간 내에서 단순한 원이나 타원이 아니라 여러 개의 상대운동이 복합된 매우 복잡한 운동 궤적을 그리고 있는 것이다.

달의 움직임을 한번 살펴보자. 지구를 중심으로 하면 달은 지구 주위에서 원운동을 하고 있다. 그러나 태양을 중심으로 놓고 보면 달은 원운동이 아니라 태양 주위에서 물결 형태를 그리며 돌고 있다. 지구가 태양을 한 바퀴 회전하는 동안(1년) 달은 태양 주위에서 12개의 파동을 그리며 돌고 있는 것이다. 그런데 태양도 정지해 있는 것이 아니라 우주의 어

파동을 그리며 태양 주위를 돌고 있는 달과 지구의 궤적

떤 축을 중심으로 회전하고 있다는 사실을 생각해보면, 지구나 달은 여러 가지 파동이 중첩되어 있는 매우 복잡한 운동을 하면서 우주를 여행하고 있는 셈이다.

지구가 태양을 중심으로 돌고 있어서인지 우리의 우주관은 태양중심적 또는 태양고정적 사고에서 크게 벗어나지 못하고 있다. 하지만 모든 것은 상대운동을 하고 있을 뿐이다. 절대적으로 고정된 것은 아무것도 없다. 그런 의미에서 편의에 따라 좌표축을 옮겨다니며 상대적인 관점에서 유연하게 사고하는 것이 필요하다.

일상생활에서도 우리는 늘 고정적 사고, 다시 말해 자기중심적 사고를 하고 있다. 온 우주는 '나'를 중심으로 하고 있고, 주위 사람들은 '나'를 중심으로 내 주변을 돌고 있다고 생각하게 마련이다. 그러나 가끔은 이러한 자기중심적 사고에서 벗어나 내 주변을 돌고 있는 다른 사람의 상대적인 입장에서 자신을 돌아보는 것이 필요하다.

4
시간좌표
한 번 가면 올 수 없는 것

공학에서 자주 등장하는 독립변수로 '시간'과 '공간'이 있다. 시간의 경과에 따라서 또는 공간적 위치에 따라서 온도나 속도 등의 물리량이 어떻게 변화하는지 찾는 문제는 공학에서 흔히 등장한다.

보통 시간은 하나의 변수인 t로 표현되고, 공간은 3차원 벡터, 또는 세 개의 위치변수 x, y, z로 표현된다. 시간과 공간에 따라서 변화하는 어떤 물리량 f는 시공좌표 x, y, z와 t의 함수로 표현된다.

$$f = f(x, y, z, t)$$

여기서 t가 없는 경우, 즉 시간에 따라서 변화하지 않는 경우를 정상상태steady state라 하고, 계속해서 변화해나가는 상태를 비정상상태unsteady state라고 한다. 세 개의 공간좌표 x, y, z 모두에 의존하는 경우도 있지만, 경우에 따라서는 한 개 또는 두 개만 필요한 때도 있다.

엄밀하게 따지면 모든 현상은 시간과 세 개의 공간좌표에 의존하는 3차원 비정상상태3D unsteady 문제다. 하지만 이렇게 변수가 많으면 문제가 너무 복잡해지기 때문에 정상상태로 가정하거나 공간을 1차원 또는 2차원적으로 단순화한다. 예를 들어 시간에 따라 한 방향으로 변화하는 문제는 1차원 비정상상태1D unsteady 문제라 하고 $f = f(x, t)$로 표현하며, 정상상태면서 두 방향으로 변화하는 $f(x, y)$는 2차원 정상상태2D steady 문제라고 한다.

시간좌표와 공간좌표는 다 같은 독립변수지만, 시간은 한 개고 공간은 세 개의 스칼라량이라는 차이점이 있다. 이밖에도 이들 사이에는 커다란 차이가 있다. 공간은 현재 위치를 중심으로 할 때 서로 반대 방향을 나타내는 + 방향과 − 방향이 대칭적이라는 특성을 가지고 있는 반면 시간은 + 방향과 − 방향이 전혀 다른 특성을 갖는다.

모든 방향으로 같은 성질을 갖는 등방성 매질에 대해 공간은 어느 지점을 중심으로 해도 전후좌우상하의 구별이 없다. 나를 중심으로 하여 왼쪽에 위치한 이웃과 오른쪽에 위치한 이웃의 상태가 나에게 동일한 정도의 영향을 미치며, 나 또한 양쪽의 이웃에게 동일한 정도로 영향을 미친다. 다른 방향으로의 공간좌표도 마찬가지다. 따라서 공간좌표는 양방향성bi-directional을 갖는다고 말한다.

반면 시간은 현재 시점을 중심으로 하여 − 방향의 이웃인 과거 시점과 + 방향의 이웃인 미래 시점의 상태가 중간에 있는 현재 상태에 전혀 다르게 작용한다. 과거 상태로 인해 현재 상태가 결정되지만, 미래 상태에 의해 현재 상태가 영향 받지는 않는다. 시간은 한쪽 방향으로만 흐르며, 따라서 시간좌표는 일방향성uni-directional을 갖는다고 말한다.

뜨거웠던 쇠구슬은 주위로 열을 빼앗기면서 점차 온도가 내려간다. 현재 쇠구슬의 온도는 처음에 주어진 초기 상태에서 시작해 지금까지 주위에 빼앗긴 열전달 히스토리에 따라 결정된다. 다음 시간의 온도는 현재로부터 그 시점까지의 열전달 과정에 따라 결정되며, 그 이후에도 이런 과정이 연속적으로 한 스텝 한 스텝씩 전진하여 미래의 온도가 결정되어나간다.

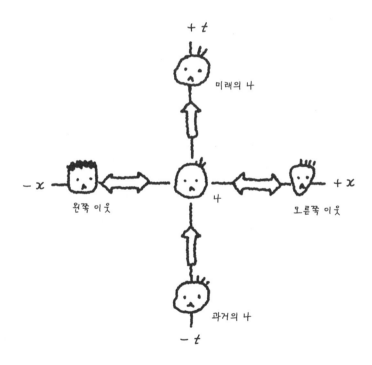

나를 둘러싼 시간좌표와 공간좌표

마찬가지로 어제까지 열심히 공부했기 때문에 오늘 시험을 잘 볼 수 있는 것이지, 내일 열심히 공부할 것이기 때문에 오늘 시험을 잘 볼 수 있는 것은 아니다. 일방향성을 갖는 시간의 특성으로 인해 우리의 현재 상태는 태어날 때 부모님으로부터 물려받은 초기 조건에서 출발해 현재까지 살아온 인생 행적에 따라 결정된다.

　　고등학교 때 어느 선생님께서 "40세 이후에는 자신의 얼굴에 자신이 책임져야 한다"고 말씀하신 기억이 난다. 그때는 철없는 마음에 인상이 그다지 좋지 못한 선생님의 얼굴을 멋쩍게 바라보며 친구들과 함께 웃음을 삼켰다. 이제 거꾸로 40세가 훌쩍 넘은 내가 이 이야기를 하려니 남의 비웃음을 사는 일이 없을지 조심스럽기만 하다.

　　부모님으로부터 물려받은 유전조건이 거의 소멸되고 나면, 40년 동안 자신이 살아온 생활습관과 마음가짐이 현재의 건강 상태와 얼굴 모습으로 나타난다. 내 미간에 깊게 패인 주름은 편치 않은 마음에 자주 인상을 찌푸리는 습관 때문에 생긴 것이고, 튀어나온 뱃살은 몸을 많이 움직이지 않는 게으른 생활습관과 건강하지 못한 식습관 때문일 것이다.

　　앞으로 10년 후 미래의 나의 모습은 현재부터 시작해 그때까지 얼마나 좋은 생활습관과 건강한 마음가짐으로 살아가느냐에 따라 결정될 것이다. 시간은 거꾸로 흐르지 않는다. 지난 일을 후회하지 말고 앞으로의 나의 모습을 가꾸어나가자.

5
시간과 공간
사이와 사이

시간과 공간은 공학뿐 아니라 철학과 과학의 가장 근본적인 문제다. 앞 장에서 설명한 바와 같이 공간은 좌우가 대칭적인 양방향성을 갖는 반면 시간은 전후가 비대칭적인 일방향성을 갖는다. 공간적으로 잘못 가면 다시 돌아올 수 있지만 시간적으로는 되돌아올 방법이 없다.

그런데 흥미로운 것은 시간時間과 공간空間 모두 공통적으로 '사이'라는 의미의 '간間'이란 한자를 갖고 있다는 사실이다. 시각과 시각 사이를 시간이라 하고 지점과 지점 사이를 공간이라고 한다. 시간이 t 좌표상의 빈 간격을 의미하듯이 공간은 x, y, z 좌표상의 빈 간격을 의미한다. 모든 우주현상이 시공상의 빈 간격, 즉 '사이'에서 이루어진다고 볼 수 있다.

시간이나 공간과 어떤 관련이 있는지 잘 모르겠으나 인간人間이라는

31

단어도 사람과 사람 사이라는 것이 흥미롭다. 결국 우주나 인간이나 모두 '사이'에 위치해 있다고 보면 될 것이다. 노장사상은 시공에 대해 포괄적이고 철학적인 의미를 담고 있다. 영국의 물리학자 스티븐 호킹Stephan Hawking(1942~) 박사 역시 시간은 공간과 아울러 생각해야 한다고 말한다.

천동설에 의한 절대공간의 개념이 무너지기 시작한 것은 뉴턴시대부터지만, 시간의 길이는 고정불변이라는 절대시간에 대한 개념이 무너진 것은 알베르트 아인슈타인Albert Einstein(1879~1955)의 상대성이론이 등장하면서부터다.

상대성이론은 물질과 에너지가 동등하다는 물질-에너지 등가성等價性($E=mc^2$)과 함께 동시성同時性의 상대성相對性을 설명한다. 이는 동시에 일어난 것처럼 보이는 사건이라도 관측자가 어디 있느냐에 따라 동시가 아닐 수 있다는 시간의 상대성을 말한다. 즉 시간의 빠르기는 공간의 이동 속도와 관련하여 결정된다. 그러므로 정지한 위치에서의 1초와 빠르게 이동하는 우주선에서의 1초는 서로 다르다.

웃자고 하는 이야기지만 고층 아파트 꼭대기에 사는 사람은 지구 자전에 의한 회전속도가 빠르기 때문에 상대적으로 1초의 길이가 길어져 결국 더 오래 살 수 있다는 농담도 있다. 지구상의 시간 역시 절대시간이 아니다. 지구와 함께 움직이는 우주 공간에 대한 상대적인 시간이며, 현재의 공간도 흘러가는 시간 안에서 형성된 상대적인 공간이다.

어릴 때부터 나는 사람이 죽으면 그 영혼은 어디로 갈까 늘 궁금했다. 어떤 이는 사람이 죽으면 하늘나라로 간다고 한다. 물론 마음 나쁜 사람은 지옥으로 가지만…. 그리고 하늘나라로 간 영혼은 제삿날이 되면 자신이 살던 집으로 돌아와 제삿밥을 얻어먹고 돌아간다고 생각한다. 그래

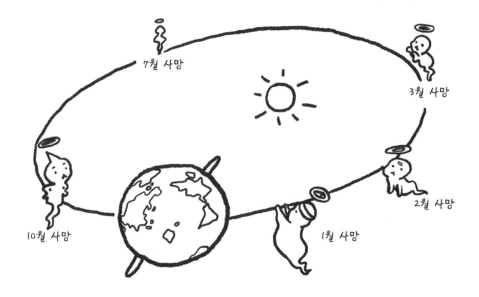

7월 사망

3월 사망

2월 사망

10월 사망

1월 사망

서 우리집에서는 제사를 지낼 때 대문과 방문을 활짝 열어놓았다. 그런데 영혼은 자신이 살던 곳을 어떻게 찾아올 수 있을까? 어린 마음에 항상 궁금했다. 보이지 않는 상태로 무덤 근처에 머물다가 제삿날이 되면 가족들이 있는 곳으로 찾아오는 걸까? 아니면 대기권 밖 태양계 어딘가에 머물러 있다가 지구로 들어와 찾아오는 걸까?

다행히도 지구는 1년을 주기로 태양 주위를 공전하고 있기 때문에 연중 특정한 날에는 궤도상 동일 지점으로 돌아온다. 따라서 영혼들이 지구 바깥의 길목(자신의 제삿날에 해당하는 공전궤도상의 일정 지점)에 자리를 잡고 기다리고 있으면 버스가 지나가듯이 1년 간격으로 지구가 그곳을 지나갈 것이다. 아마 제삿날이 아닌 날에 출발하면 멀리 떨어진 정류장으로 찾아가야 하기 때문에 시간이 많이 걸려 제사시간에 맞추기 어려울 수도 있다. 그렇다면 지금까지 죽은 수많은 영혼들이 지구의 공전궤도를 따라 자신의 제삿날에 해당하는 지점 부근에 도열해 있단 말인가? 그리고 그 주변이 우리가 알고 있는 하늘나라인가?

이야기가 황당하게 전개되므로 상상은 이쯤에서 마무리하자. 나는 죽은 영혼이 우주의 시공간 어디에 위치해 있는지 아직도 알아내지 못했다. 다만 시간과 공간이 아니라 인간의 마음과 마음 사이에 있지 않을까 생각하곤 한다.

우주에 절대적으로 고정된 시간과 공간은 없다. 집에 가만히 앉아 있어도 지구가 움직이고 태양계가 움직이기 때문에 우리는 천체의 움직임과 함께 어마어마한 속도로 우주 공간을 유영하고 있다. 또 우리가 머물고 있는 공간적 위치는 시간과 함께 흘러간다. 우리는 현재라는 시간으로 돌아올 수 없듯이 현재에 있는 위치로 영원히 다시 돌아올 수 없다. 우리는 끝없는 우주의 시공간을 떠다니는 불쌍한 미아일 뿐이다. 그나마 다행스러운 것은 지구라는 열차를 함께 탄 내 주변에 있는 사람과 사람 사이에서 더불어 여행하고 있다는 사실일 것이다.

6
한국 단위계
근·자·짬

학기 초 대부분의 역학이나 공학 과목에서 단위계에 관한 내용을 공통적으로 가르친다. 단위계로는 일반적으로 영국계 단위계British Unit System와 국제표준단위계International System of Units, SI가 있다. 국제 협약에 따라 벌써 수십 년 전부터 모든 단위를 SI 단위계로 통일하기로 합의했지만, 아직도 두 개의 단위계가 병용되고 있기 때문에 학교에서는 두 가지 단위계를 모두 가르친다.

SI 단위계는 원래 프랑스에서 개발되었다. SI 단위계는 기본적으로 십진법에 근거하며, 길이나 질량 등 각 물리량에 대해 하나의 단위만을 사용하고, 여기에 접두어*를 붙여 크거나 작은 숫자를 표현하는 것을 원칙으로 하고 있다. 접두어에는 작은 숫자를 표현하기 위한 접두어와 큰 숫자를 표현하기 위한 접두어가 있으며 1,000(10^3)배를 기본으로 하고 있다. 이것은 동양권에서 만, 억, 조 등과 같이 10,000(10^4)배를 기본으로 하는 것과 비교가 된다.

여담이지만 우리는 사실 네 자리를 기준으로 하는 것이 훨씬 익숙하다. 예를 들어 123456789라는 큰 숫자를 표현할 때 서양에서는 123,456,789로 세 자리씩 끊어 쓰고 123million 456thousand 789로 읽지만, 우리들은 1,2345,6789로 쓰고 1억 2345만 6789로 읽는 게 훨씬 편하다. 동양 사람들이 한 번에 네 자리씩 외우는 걸로 봐서 서양 사람들보다 머리가 좋은 것 같은데, 머리 나쁜 사람들이 만들어놓은 틀에 맞추어 살고 있는 것 같아 좀 억울한 생각이 든다.

모두가 아는 바와 같이 길이의 단위로는 미터^{m}를 기본으로 하여 작은 길이는 접두어 밀리^{m}나 마이크로^{μ}를 붙여 밀리미터^{mm}, 마이크로미터^{μm}를 사용하고, 큰 길이는 접두어 킬로^{k}를 붙인 킬로미터^{km}를 사용한다. 영국계 단위계에서 용도에 따라 인치^{in}, 피트^{ft}, 야드^{yd}, 마일^{mi} 등과 같이 여러 개의 단위를 혼용하는 것과 대조된다.

물론 SI 단위계의 사용원칙에 예외가 없는 것은 아니다. 시간의 경우 초^{sec}를 기본으로 하여 작은 시간 단위는 밀리초^{ms}, 마이크로초^{μs} 같이 접두어를 붙여 사용하면 되지만, 큰 시간 단위일 때 킬로초^{ks}, 메가초^{Ms}처럼 사용하면 굉장히 어색해진다. 생각해보자. 50분 수업이라고 하는 대신 3킬로초 수업이라 하고, 하루를 86.4킬로초, 한달을 2.592메가초, 1년을 31.1기가초^{Gs}로 표현해야 한다면 불편하기도 하고, 이상하지 않을까? 따라서 시간에 대해서는 우리가 익숙하게 사용하고 있는 초, 분^{min}, 시간 hour, 일^{day}, 년^{year}과 같은 단위의 사용을 허용한다.

인접해 있는 영국과 프랑스는 예로부터 서로 아주 좋은 경쟁상대였다. 일반적으로 프랑스 사람들이 굉장히 감성적일 것이라고 생각하는데 사실은 매우 이성적이고 논리적인 사람들이다. 언어에 있어서도 프랑스어가 상당히 체계적이고 과학적이다. 명사나 대명사뿐 아니라 관사나 형용사에도 복수형과 단수형, 남성형과 여성형 등이 부여되어 있어서 문맥상 무엇을 가리키고 있는지가 명확하다. 따라서 의미가 분명해야 하는 법조문이나 외교문서에서는 프랑스 어를 선호하는 경향이 있다.

그런 만큼 일반인들이 사용하기에 까다롭고 외국인이 처음 배우기에도 어렵다. 논리적인 언어라고 해서 반드시 쓰기에도 좋은 것은 아니기 때문이다. 이런 이유와 영국의 수많은 식민지 덕분에, 그리고 최근에는 인터넷의 발달로 인해 영어가 세계의 공용어로 자리잡게 되었다. 하지만 국제적인 표준단위계 선정에서는 영국보다 프랑스의 논리적인 단위계가 먹혀들었다. 언어에서는 영국이 거의 완벽한 승리를 거두었지만, 단위계에서만큼은 논리적인 프랑스가 승리한 것으로 볼 수 있다.

영국계 단위계를 사용하는 영미 계통의 국가에서는 오래전부터 SI 단위계로 전환하기 위해 여러 노력을 기울이고 있지만 큰 진전은 없어 보인다. 어찌 보면 완전히 전환한다는 것이 불가능해 보인다. 학교에서 아무리 SI 단위계를 가르쳐도 일상생활에서는 피트나 파운드 같은 단위가 워낙 뿌리 깊게 박혀 있고, 실제 생산되고 있는 많은 제품과 규격들이 이런 단위들에 기초하고 있기 때문이다. 이미 생산된 제품을 수리하거나 대체하기 위해서라도 단위계를 바꾸는 것은 정말 어려운 일이다. 우리나라에서 영국계 단위계를 함께 가르치는 것은 영국계 단위계를 포기하지 못하는 나라들과의 교역 때문일 것이다.

이에 비하면 우리나라의 사정은 한결 편하다. 그동안 우리나라 나름의 단위계가 깊게 뿌리 내리지 못한 덕분(?)에 많은 부분에서 어렵지 않게 SI 단위계로 변환할 수 있었다. 더욱이 지금은 관용 단위계의 사용을 법적으로 전면 금지하고 있어서 그동안 부분적으로 사용되던 아파트의 '평', 골프장에서의 '야드' 같은 단위도 서서히 사라질 것이다.

그러나 다른 한편으로 생각하면 어째서 우리 선조들은 단위계나 측정에 있어서 좀더 과학적이지 못했던가 하는 아쉬움이 남는다. 서양의 합리적이고 명확한 철학관은 단위계에서도 다양한 공학적 유도단위(기본단위를 조합해 만든 단위)*들을 만들어놓은 반면 동양에서는 명확함보다 모호함이 더 진리에 가깝다고 생각해서였는지 몰라도 우리 나름의 단위계를 발전시키지 못했다. 현대의 우리 모습만 봐도 우리가 사물과 상황을 정량적으로 표현하는 데 익숙하지 못함을 알 수 있다. 약속시간을 정할 때 "점심때쯤 광화문 근처에서 만나자"라고 하거나 가게에서 물건을 살 때 "보통 집에서 많이 쓰는 전구 하나 주세요" 또는 "손가락보다 조금 작은 나사 하나 주세요" 등 두루뭉술하게 말하는 경향이 있다.

우리나라에서도 공학적인 치밀함이 있었다면 길이의 기본단위인 '자', 질량의 기본단위인 '근', 시간의 기본단위인 '짬' 등을 이용하여 여러 가지 유도단위를 사용할 수 있지 않았을까? 예를 들어 소가 걷는 속도를 '자/짬', 사과가 떨어지는 중력가속도를 '자/짬²' 등으로 표기하는 거다. 그랬다면 힘의 단위를 kg중처럼 '근중'으로 사용할 수도 있었을 것이고, 서양의 뉴턴과 같이 힘에 관한 연구를 많이 수행한 한 아무개의 이름을 따서 '한씨의 법칙'이 만들어졌을지 모른다. 이 법칙에 따라 질량 곱하기 가속도의 개념으로 '근자/짬²'을 사용하거나 쓰기 너무 복잡하면

$1N=1kg \cdot m/s^2$처럼 표기하듯 '1한=1근자/짬^2'으로 표기할 수도 있었을 것이다. 그밖에 압력의 단위, 일의 단위, 일률의 단위 등 여러 가지 공학적 유도단위들을 합리적으로 만들어 한국계 단위계Korean Unit System가 전세계적으로 널리 이용되었을지도 모를 일이다. 아래 표는 실제로 사용하는 여러 단위들과 상상 속 단위인 한국계 단위계를 비교한 것이다.

여러 가지 단위계로 표현한 기본단위와 유도단위

		국제표준단위계 (SI 단위계)	영국계 단위계	한국계 단위계	단위환산 기준
기본 단위	길이	m	ft	자, 리	1뼘*=0.22m, 1=0.3m, 1리=392m
	질량	kg	lb	근, 돈, 관	1근=600g, 1돈=3.75g
	시간	s	s	경, 점(짬*), 각	1눈깜빡*=0.1s, 1나절=6시간 1일=12경, 1경=5점, 1점(짬*)=24분
유도 단위	속도	m/s	ft/s, ft/min	자/짬, 리/경	
	가속도	m/s^2	ft/s^2	자/짬^2, 리/경^2	
	힘	kg · m/s^2	lbf	근자/짬^2, 근중	1한*=1근자/짬^2 =8×10^{-8}Newton
	압력	kg/m · s^2	psi	근/자짬^2, 근중/자^2	
	일	kg · m^2/s^2	lbf · ft	근중 · 자	
	일률	kg · m^2/s^3	lbf · ft/s	근중 · 자/짬	

* ※표시는 실제로 존재하는 단위가 아님

SI 단위계의 접두어

접두어는 1,000배를 기본으로 한다. 사이값인 10, 100, 0.1, 0.01배를 나타내는 d(데시), c(센티), da(데카), h(헥토)도 정의하고 있으나 공학에서는 사용을 권장하지 않는다.

작은 숫자에 사용되는 접두어			큰 숫자에 사용되는 접두어		
이름	접두어	의미	이름	접두어	의미
데시 deci	d	10^{-1}	데카 deka	da	10^{1}
센티 centi	c	10^{-2}	헥토 hecto	h	10^{2}
밀리 milli	m	10^{-3}	킬로 kilo	k	10^{3}
마이크로 micro	μ	10^{-6}	메가 mega	M	10^{6}
나노 nano	n	10^{-9}	기가 giga	G	10^{9}
피코 pico	p	10^{-12}	테라 tera	T	10^{12}
펨토 femto	f	10^{-15}	페타 peta	P	10^{15}

기본단위와 보조단위, 유도단위

기본단위는 모든 단위의 기본이 되는 일곱 가지 단위를 말한다. 기본단위에는 길이m, 질량kg, 시간s과 열역학적 온도 캘빈K, 전류 암페어A, 물질량 몰mol, 광도 칸델라cd가 있다. 다른 단위들은 모두 이들 일곱 개 기본단위와 두 개의 보조단위 라디안rad, 스테라디안sr을 조합해 유도할 수 있다. 이렇게 유도된 기타 모든 단위들을 유도단위라고 한다.

SI 단위계에서의 기본단위와 보조단위		
	물리량	SI 단위
기본단위	길이	m
	질량	kg
	시간	s
	온도	K
	전류	A
	물질량	mol
	광도	cd
보조단위	평면각	rad
	입체각	sr

7
표준 정하기
잰다는 것

　나는 무엇이든 '측정'하려고 하는 못된(?) 버릇이 있다. 길을 걸을 때 발걸음 수를 세고, 시시각각 시간을 잰다. 집에서 나와 지하철역까지 걷는 동안 각 구간별로 발걸음을 세서 각 구간의 거리를 잰다. 물론 내 보폭은 미리 재놓은 것이 있다. 이밖에도 아파트 엘리베이터를 기다리는 평균시간, 횡단보도를 건너는 데 걸리는 시간, 지하철역 계단을 내려가는 데 걸리는 시간을 잰다. 그래서 나는 초침 있는 손목시계를 좋아한다.

　지하철을 기다릴 때는 승강장 바닥의 보도블록이 좌우로 몇 개인가를 센다. 보도블록 하나의 크기는 슬그머니 구둣발을 블록에 맞춰놓고 남들이 눈치채지 못하게 내려다보면서 속으로 잰다. 한 블록의 크기가 신발 크기와 정확하게 맞지 않기 때문에 여러 가지 나름대로의 추산방법을 활

용해 정확도를 높인다.

　기본적으로 내 구두나 한 뼘, 집게손가락 끝마디의 길이 등은 꽤 정확하게 알고 있다. 머릿속으로는 항상 간단한 곱하기와 나누기를 하고 있고, 나만의 여러 가지 암산법이나 대충계산법도 이용한다. 그렇다고 해서 계측기를 동원해 본격적으로 재고 싶은 생각은 조금도 없다. 그저 간단한 측정기구인 손목시계와 알고 있는 내 몸 일부의 길이들을 이용해서 알아내고 싶은 것을 심심풀이로 잴 뿐이다.

　주로 시간과 길이, 속도에 관한 것이지만, 때때로 온도, 열량, 조도, 질량, 전력량 등도 심심풀이의 대상이 되곤 한다. 라면물을 끓이는 데 필요한 시간, 이때 사용된 가스량(베란다에 가스계량기가 있음), 공급된 총 열량, 라면물의 내부 에너지 변화 등으로부터 라면을 끓일 때 사용된 가스 열량 중 몇 퍼센트가 라면물을 데우는 데 사용되는지 등을 잰다. 뜨거운 라면 그릇을 놔두면 점차 식는데, 이때 주변으로 열량을 빼앗겨 라면의 온도가 지수적으로 감쇠곡선을 그리며 냉각된다고 가정하면 주변으로의 열전달계수도 대충 유추해볼 수 있다.

무엇이든 '대충' 측정하기는 그리 어렵지 않다. 그러나 '정확하게' 측정하기는 그리 쉬운 일이 아니다. 정확하게 측정한다는 것은 내포되어 있는 오차를 줄여 참값에 가까운 측정값을 얻으려는 노력이다. 오차에는 알 수 없는 여러 가지 주변 상황에 따라 측정할 때마다 달리 측정되는 우연오차random error와 계측기가 정확하게 보정되어 있지 않아서 발생하는 계통오차systematic error가 있다.

$$오차 = |참값 - 측정값|$$

키를 잴 때 ±1센티미터 정도의 정확도가 요구된다면 크게 신경쓰지 않고 늘 하던 대로 줄자를 이용하면 된다. 그러나 밀리미터 또는 그 이하의 정확도로 재려면 좀더 세심한 노력이 필요하다. 줄자를 벽에서 떨어지지 않게 잘 붙여야 하고 머리를 내리누르는 막대기는 벽과 정확하게 직각을 유지하도록 해야 한다. 이보다 더 정확한 값을 요구한다면 줄자가 온도 변화 때문에 늘어나지는 않았는지, 줄자의 눈금이 정확한지에 의문을 가져야 한다. 더욱이 눈금을 매길 때 잘 보정된 자를 기준으로 했는지, 또 그 보정된 자는 더욱 잘 보정된 기준 또는 길이 표준에 따라 보정됐는지… 점점 파고들어가다 보면 1미터라는 것이 도대체 어떻게 정의되었는지까지 궁금해진다.

1미터란 원래 지구의 북극에서 적도까지 자오선 길이의 10,000,000분의 1로 정의한 데서 출발한다. 그러나 북극의 정확한 위치를 아는 것도 아니고, 설사 정확하게 안다고 해도 지구가 정확한 구형도 아닌데다가 울퉁불퉁 산과 바다가 있어서 정확한 지구의 둘레를 아는 것은 쉬운 일이 아니다. 그러므로 '이 정도' 길이의 막대기를 '적당히' 잘라서 1미터라고 정의했다. 그러니까 이 막대기 자체가 '미터'의 정의인 셈이다. 이를 국제미터원기International Prototype Meter라고 한다. 변형을 최소화하기 위해 매우 안정된 백금과 이리듐 합금으로 만들었고, 프랑스에 있는 국제표준기구에서 항온항습을 유지한 상태로 소중하게 보관하고 있다.

야드를 처음 정의한 방법은 좀더 당황스럽다. 헨리 1세가 엄지를 치켜들고 손을 앞으로 쭉 뻗었을 때 엄지에서 코끝까지의 거리를 야드로 정의했다고 하니, 미터의 정의는 야드에 비하면 매우 논리적이고 과학적이다.

그러나 하나의 막대기를 길이의 절대 표준으로 삼다 보니 여러 가지 불편한 점과 문제가 많았다. 이 사람 저 사람 빌려달라고 할 때마다 빌려줄 수도 없고, 혹시라도 분실되거나 훼손되는 등 사고라도 나면 큰일이다. 그래서 후에 1미터를 새롭게 정의하는데, 특정한 빛(크립톤86 램프에서 발생하는 주황색 빛)의 파장의 1,650,763.73배로 정의했다가 지금은 빛의 속도가 불변이라는 사실을 이용해 진공 중에서 빛이 299,792,458분의 1초 동안 진행한 경로의 길이로 정의해 사용한다. 이제 더 이상 막대기를 빌릴 필요 없이 각자 또는 각 나라별로 알아서 길이의 표준을 제작해 사용할 수 있게 된 것이다.

그런데 여기서 끝이 아니다. 길이의 기본단위인 1미터를 정의하기 위해서는 299,792,458분의 1초를 정확하게 알아야 한다. 따라서 시간의 기본단위인 1초 역시 정확하게 정의되어 있어야 한다. 1초란 누구나 알고 있듯이 한 시간의 3,600분의 1이고, 한 시간은 하루의 24분의 1이다. 여기서 강조해야 할 점은 1초가 86,400개가 모여 하루가 된 것이 아니라 하루라는 시간의 86,400분의 1을 1초라고 정의했다는 사실이다.

그렇다면 하루란 또 무엇인가. 원래 하루란 태양이 남중했다가 다음 날 다시 남중할 때까지의 시간, 즉 태양일을 말한다. 그런데 이 태양일의 길이는 엄밀하게 따지면 지구 공전궤도의 위치에 따라, 다시 말해 계절에 따라 약간씩 변한다. 따라서 하루의 길이를 정확하게 알기 위해서는 1년 내내 365일 동안 태양일을 측정하여 평균값을 구해야 한다. 게다가 지구가 태양을 한 번 공전하는 동안 정확하게는 365번이 아니라 365.2422번 자전하기 때문에 평균값을 구할 때 점점 복잡해진다.

이렇듯 평균 태양일을 이용한 1초의 정의도 쉽지 않기 때문에 현재는 특정 원자들이 매우 규칙적인 진동주기를 가지고 있다는 점에 착안해 매우 안정적인 세슘133 원자의 진동주기의 9,192,631,770배로 1초를 정의하고 있다.

그런데 가끔씩 윤초라고 하여 1초를 더할 때가 있다. 쇠털같이 많은 날에 1초를 더하건 빼건 보통 사람들은 별 관심이 없다. 하지만 보이지 않는 곳에서 평생토록 1초를 챙기는 사람들(주로 표준연구소에 있는 연구원들)이 있다. 신기하기도 하고 한편 고맙기도 하다.

8
차원해석
수식이 알려주는 것

소설가에게는 글이 의미를 전달하는 수단이고 화가에게는 그림이 의미를 전달하는 수단이다. 마찬가지로 이공분야 사람들에게는 수식이 과학법칙이나 공학적 모델을 표현하는 수단이다. 일부러 어렵게 보이려고 수식을 쓰는 것이 아니다. 글보다 수식을 이용하면 의미를 전달하는 데 훨씬 효과적이기 때문에 쓰는 것이다.

과학과 특별히 인연이 없는 사람이라도 학창시절에 배운 $F=ma$나 $E=mc^2$ 같은 수식은 기억하고 있을 것이다. 각각 뉴턴의 운동법칙과 상대성이론에서 물질과 에너지의 관계를 표현하는 수식이다. 수식 없이 이런 내용들을 글로 설명한다면 내용도 길어지고 도대체 무슨 말인지 이해하기가 더 어려울 것이다. 그래서 간략히 수식을 사용하는 것이다.

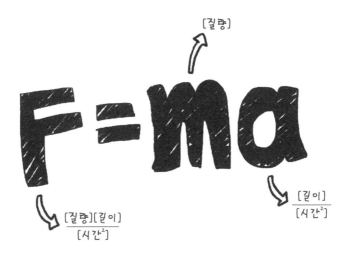

보통 수식이라고 하면 상수와 변수를 대입하고 이런저런 연산을 하여 답을 구하는 작업을 하게 된다. 그래서 흔히 수식은 답(주로 숫자로 된 값)을 구하기 위한 것이라고만 생각한다. 하지만 수식은 값을 구하려는 목적보다 어떤 의미를 전달하기 위한 목적이 더 크다.

이 장에서는 주어진 수식의 값을 구하는 작업이 아니라 차원해석 dimensional analysis을 통해 수식의 차원을 분석하는 작업을 소개하고자 한다. 차원해석이란 과학법칙이나 공학 모델에 나오는 수식에서 양변의 차원을 분석해 물리량 변수들 사이의 관계를 어느 정도 미루어 알아내는 수학적 방법을 말한다.

과학이나 공학에서 쓰이는 모든 변수는 차원을 가지고 있고, 변수들의 조합으로 이루어진 항들 역시 특정한 차원을 갖게 된다. 여기서 '차원'이란 쉽게 말하면 '단위'고, 엄밀하게 말하면 길이, 질량, 시간과 같은 물리량을 나타내는 일반화된 하나의 기저base다.

그렇다고 차원이 m, kg, m/s 등과 같은 구체적인 개별 단위를 의미하는 것은 아니다. 왜냐하면 모든 물리량이 하나의 차원을 갖긴 하지만, 그 차원을 표시하는 단위는 여러 개 있을 수 있기 때문이다. 예를 들어 속도라는 물리량은 [길이/시간]라는 하나의 차원을 갖지만, 이를 표현하는 단위로는 m/s, km/hr, ft/s 등 여러 개가 있다.

물리량 변수들이 모두 차원을 가지는 것처럼 수식을 이루는 항들도 모두 차원을 갖는다. 수식은 등호를 중심으로 좌변과 우변으로 이루어지고, 각 변은 하나 또는 몇 개의 항으로 이루어진다. 항은 덧셈과 뺄셈 기호로 구분되며 곱하기와 나누기로 이루어진 수식 덩어리들이다.

여기서 중요한 것은 각 항들이 모두 동일한 차원을 가져야 한다는 점이다. 이것을 차원의 동차성dimensional homogeneity이라고 한다. 어떤 수식에서 차원이 다른 항들을 서로 더하거나 빼고 있다면 이 수식은 잘못된 거다. 예를 들어보자. R을 반지름(길이의 차원)이라고 할 때 면적 A를 구하는 식이 다음과 같다고 하자.

$$A = \pi R^2 + 2R$$

구체적인 관계를 따져보기도 전에 이 수식이 잘못됐음을 바로 알 수 있다. 왜냐하면 우변의 첫 번째 항의 차원은 길이의 제곱이므로 [면적]이고 두 번째 항의 차원은 [길이]라서 차원이 다른데 이 둘을 더하고 있기 때문이다. 따라서 이 수식은 명백히 잘못됐다. 참고로 π나 숫자들(상수)은 차원을 갖지 않는다. 위 수식을 차원으로 표현하면 다음과 같다. 여기서 [L]은 길이 차원을 나타낸다.

$$[A] = [\pi R^2] + [2R]$$
$$[L^2] \quad [L^2] \quad [L]$$

면적과 길이, 질량과 열량, 오렌지와 사과 등 서로 차원이 다른 양을 더하거나 뺄 수는 없다. 영어 표현에 'orange and apple'이라는 말이 있다. 사과와 오렌지를 같은 기준으로 비교 평가하는 것은 공정하지 않다는 의미로 실제로 비교할 수 없는 것을 동일선상에 올려놓고 비교하려 할 때 쓰는 표현이다.

이번에는 차원이 제대로 된 수식을 두고 간단한 차원해석을 해보자. 길이가 H고, 지름이 D인 원통의 밀도가 ρ라고 할 때, 이 원통의 무게 W를 계산하는 식은 다음과 같다.

$$W = \rho g \left(\frac{\pi}{4} D^2 H \right)$$

괄호 안은 이 원통의 부피고, 여기에 ρg를 곱해서 무게를 구한다. 여기서 g는 중력가속도다. 수식 전체에 대괄호를 씌우고 각 항의 차원을 살펴본다. 대괄호 [ ]의 의미는 괄호 안에 들어 있는 변수의 값은 고려하지 않고 오로지 차원만 고려하겠다는 의미다.

$$[W] = \left[\rho g \frac{\pi}{4} D^2 H \right] = [\rho][g]\left[\frac{\pi}{4}\right][D^2][H]$$
$$= [M/L^3][L/T^2][1][L^2][L] = [ML/T^2]$$

무게 역시 힘의 차원($1N = 1kg \cdot m/s^2$)을 가지므로 좌우변 모두 힘의 차원을 가짐을 알 수 있고, 기본 차원 [M], [L], [T] 세 개로 표현된다. 여기서 [M]은 질량 차원, [T]는 시간 차원을 나타낸다. 차원해석을 할 때 3.14, $\frac{1}{4}$ 등과 같은 계수들은 차원이 없기 때문에 신경쓰지 않는다. 이렇듯 간단한 차원해석을 통해 수식이 잘못되었는지 확인할 수 있고, 어떤 기본 차원들로 이루어져 있는지 파악할 수 있다.

다음으로 좀더 유용한 차원해석을 해보기로 하자. 지상에서 질량 m인 물체를 위쪽을 향해 속도 V로 던졌을 때 도달하는 최대 높이를 구하려고 한다. 최고 도달높이 y는 물체의 질량 m, 던지는 속도 V, 중력가속도 g에 의해 결정된다고 할 수 있다. 따라서 $y = f(m, V, g)$와 같이 함수 형태로 표현되고 함수의 값은 각 변수들의 거듭제곱의 조합으로 이루어진다고 가정한다. 그러면 양변의 차원이 동일해야 하므로 다음과 같이 표현된다.

$$[y] = f(m, V, g) = [m^a V^b g^c]$$

각 변수는 $[y] = [L]$, $[m] = [M]$, $[V] = [L/T]$, $[g] = [L/T^2]$의 차원을 가지므로 다음과 같이 쓸 수 있다.

$$[L] = [M]^a [LT^{-1}]^b [LT^{-2}]^c$$

양변의 차원이 동일해야 하므로 우변의 차원이 좌변처럼 [L]이 되려면 $a = 0$, $b = 2$, $c = -1$이 돼야 한다. 따라서 정리하면 다음과 같다.

$$y = C(m^0 V^2 g^{-1}) = C\frac{V^2}{g}$$

결과를 보면 위로 던진 물체의 최대 높이는 질량과 관계가 없으며(m^0), 속도의 제곱에 비례(V^2)한다는 것을 알 수 있다. 상수값 C는 구하지 못했지만 자유낙하에 의한 운동에너지가 모두 위치에너지로 바뀌는 에너지보존법칙을 적용하여 유도한 결과와 일치한다. 놀랍지 않은가. 아무런 물리적 법칙이나 현상을 적용하지 않은 상태에서 단순히 각 변수들의 차원만 분석했을 뿐인데 상당히 구체적인 결과가 도출되었다.

여기서 평소 우리들 습관대로 최대 높이의 결과로 굳이 '값'을 구해야겠다면 비례상수 C를 알아야 하는데, 돌멩이를 실제로 던지는 실험으로 구할 수 있다. 학교에서 이론적으로 배운 바에 따르면 $C = \frac{1}{2}$이다. 하지만 여기서 C값이 0.5니 0.6이니 하는 것은 과학을 이해하는 데 있어서 그리 중요하지 않다. 구체적인 수치보다는 변수들 간의 관계를 이해하는 것이 훨씬 중요하다.

간단한 차원해석으로 수식이 잘못되었는지 쉽게 판단할 수 있고, 운이 좋으면 엄밀한 물리법칙을 모르더라도 뭔가 상당히 의미 있는 결과를 끄집어낼 수 있다는 점이 신기하다. 수식은 값을 구하기 위해서 존재하는 것이 아니라 물리적 현상을 설명하거나 이해하기 위해서 존재한다는 사실을 기억해두면 좋겠다.

9
무차원화
차원을 없애면…

앞에서 차원에 대해 설명했으니 여기서는 무차원에 대해 설명하고자한다. 무차원이라 하면 간혹 0차원으로 오해하는 사람들이 있다. 공간적인 것이 3차원, 평면적인 것이 2차원, 선형적인 것이 1차원이니 연장선상에서 생각하면 무차원은 점이 아니냐는 거다. 그런데 여기서 무차원이란공간상의 0차원을 의미하는 것이 아니라 변수가 길이, 시간 등의 차원을갖지 않는다는 것을 의미한다. 무차원의 개념도 알아두면 꽤 유용하다.

무차원화란 차원해석을 통해 차원을 가지고 있는 변수나 수식을 차원이 없는 상태로 만드는 작업을 말한다. 각각의 물리량 변수들을 조합해서 무차원수를 유도하기도 하고 수식의 각 항들을 모두 무차원화해서 수식 자체를 무차원화하기도 한다.

그런데 왜 차원을 없애려는 걸까? 차원을 없앤다는 것은 단위를 없애는 것이다. 앞 장에서도 설명했지만 수식의 연산은 같은 단위끼리만 가능하다. 몸무게와 키, 질량과 부피를 서로 더하거나 뺄 수가 없다. 그런데 수식에 나오는 변수들의 단위를 적절한 방법으로 없애주면 단위가 있는 상태에서 할 수 없었던 연산도 할 수 있고, 비교할 수 없었던 변수들끼리 비교도 할 수 있게 된다. 또 사용되는 변수의 개수도 줄일 수 있어서 문제가 단순해지고 해석도 더 쉬워진다. 즉 무차원화를 통해 문제가 보다 일반화되고 단순해지는 것이다.

일반적인 무차원화 방법은 버킹엄의 파이Buckingham Pi 이론에 따라 차원 해석을 수행하는 것이지만, 간단하게는 어떤 기준이 되는 양을 놓고 이 양에 대한 상대적인 크기를 일정한 비율로 확대 또는 축소해서 나타내거나scaling 일정한 규칙이나 기준을 따르는 표준적인 상태로 변환해 정규화normalization하는 작업도 무차원화에 포함된다.

가장 간단하고 흔히 사용하는 무차원화 방법은 기준이 되는 양을 놓고(보통은 '전체' 크기를 기준으로 많이 사용) 이 양과 상대적인 크기를 비교하는 것이다. 개념이 많이 익숙할 것이다. 일상생활에서 흔히 사용하는 퍼센트의 개념과 동일하다. 공사를 시작한 지 1년t이 되었다고 하기보다 전체 공사기간 3년T 중 $\frac{t}{T}=\frac{1}{3}$, 즉 33퍼센트 진척되었다고 말하면 이해하기 쉽다.

전체 10등을 한 학생이 있다. 만약 전체 학생N 200명 가운데 10등n이라면 $\frac{n}{N}=0.2$로 5퍼센트 안에 드는 우수한 학생이다. 하지만 전체 학생 10명 가운데 10등이라면 꼴찌($\frac{n}{N}=1$)가 된다. 이렇듯 절대적인 등수보다 상대적인 퍼센트로 표현하면 이해하기에 훨씬 좋다. 이와 같이 기준이 되는 양을 전체로 잡으면 무차원수는 0에서 1, 퍼센트로는 0에서 100 퍼센트 사이의 값을 갖는다.

전체를 기준으로 하지 않고 어떤 특정한 기준을 잡아서 정규화하는 경우도 많다. 예를 들어 각국의 1인당 GDP를 비교할 때 우리나라의 1인당 GDP를 기준으로 하여 다른 나라와 상대적으로 비교하는 것이다. 여러 나라의 1인당 GDP를 보여주고 있는 아래 표는 최부국인 룩셈부르크부터 최빈국 부룬디에 이르기까지 1인당 GDP를 절대값으로 비교하지

국가	1인당 GDP(달러)	우리나라 기준	세계 평균 기준
룩셈부르크	104,359	3.84	10.41
스위스	80,675	2.97	8.05
미국	57,904	2.13	5.78
싱가포르	52,755	1.94	5.26
영국	44,118	1.62	4.40
홍콩	42,097	1.55	4.20
프랑스	37,726	1.39	3.76
이스라엘	35,702	1.31	3.56
일본	34,871	1.28	3.48
이탈리아	29,847	1.10	2.98
대한민국	27,195	1.00	2.71
스페인	26,327	0.97	2.63
타이완	22,083	0.81	2.20
그리스	17,657	0.65	1.76
말레이시아	10,073	0.37	1.00
세계 평균	10,023	0.37	1.00
브라질	8,802	0.32	0.88
러시아	8,447	0.31	0.84
네팔	751	0.03	0.07
북한	583	0.02	0.06
부룬디	315	0.01	0.03

• 2016년 4월 IMF 자료

않고, 우리나라에 대한 상대적인 값으로 비교한다. 표에 따르면 우리나라를 기준으로 할 때 룩셈부르크의 1인당 GDP는 3.84배, 부룬디는 0.01배고, 세계 평균을 기준으로 하면 룩셈부르크는 10.41배, 우리나라는 2.71배, 부룬디는 0.03배가 된다. 기준이 되는 값은 그때그때 필요에 따라 잡아주면 된다.

통계에서의 무차원화 작업은 z값을 이용한 정규화 작업이라 할 수 있다. 단순히 데이터를 기준이 되는 양으로 나누어 상대적인 값을 구하는 것이 아니라 데이터값^{x}에서 평균값$^{\bar{x}}$을 빼고 이를 표준편차$^\sigma$로 나누어줌으로써 무차원값을 구한다. 이를 z값이라 한다.

$$z = \frac{x - \bar{x}}{\sigma}$$

예를 들어보자. 60만 명이 치른 수학능력시험의 평균점수가 300점이고 표준편차가 40점일 때 내 점수가 380점이라면 내 z값은 $\frac{(380-300)}{40}$ = 2가 된다. 즉 상위 2시그마$^\sigma$에 해당한다. 정규 가우스 분포에서 평균을 중심으로 ±2시그마에 들어갈 확률은 95퍼센트이므로 z값이 +2면 상위 2.5퍼센트를 의미한다.

이러한 z분포는 수학능력시험의 각 과목별 난이도를 조절하는 데도 이용된다. 만약 일본어는 쉬워서 평균이 75점이고 중국어는 어려워서 평균이 60점이라면 일본어를 선택한 학생들이 일방적으로 유리하므로 이를 고려해야 한다. 또 표준편차가 달라서 평균을 중심으로 넓게 퍼져 있는지 평균값 부근에 몰려 있는지도 아울러 고려해야 한다. 이렇듯 평균값과 표준편차를 고려해 일본어와 중국어를 택한 학생들 각각의 그룹에 대한 z값을 비교하는 것이 공평하다. 지금까지 상대적인 퍼센트 개념과 통계적인 정규화 방법을 써서 무차원화하는 방법과 필요성에 대해 설명했다.

무차원변수는 변수들 사이의 관계를 나타낼 때에도 편리하다. 이때는 차원을 가진 두 개의 변수 x와 y의 관계 대신 두 변수를 각각 무차원화한 무차원변수 $X = \dfrac{x}{A}$와 $Y = \dfrac{y}{B}$의 관계를 그래프로 나타낸다. 이렇게 무차원 그래프로 나타내면 관계를 일반화하거나 상대적으로 비교할 수 있다.

성장곡선의 예를 들어보자. 성장곡선이란 시간 t에 따라 몸무게 m의 변화과정을 그린 곡선이다. 뒷 페이지의 그림 1은 차원이 있는 남녀의 성장곡선이다. 남성은 여성에 비해 초기 성장이 약간 느리지만 결과적으로는 더 크다는 사실을 알 수 있다. 여기에 작은 품종의 개인 케언 테리어의 성장곡선을 중첩하면 왼쪽 구석에 비교하기도 뭣한 아주 작은 곡선이 그려진다. 사람과 개의 몸무게나 수명은 스케일이 서로 다르기 때문에 절대적인 크기를 이렇게 직접 비교하는 것은 적절치 못하다.

그렇지만 무차원화된 성장곡선이라면 비교할 수 있다. x축은 시간(나이) t을 수명 T으로 나누어 $\dfrac{t}{T}$로 하고, y축은 시기별 몸무게 m를 성체의 몸무게 M로 나누어 $\dfrac{m}{M}$으로 하면 그림 2와 같이 0부터 1까지 표준화된 성장곡선을 얻는다. 이 그래프는 남자와 여자의 성장 패턴의 차이를 상세하게 파악하기에 좋고, 성장 스케일이 다른 개와 사람의 성장곡선도 비교할 수 있다. 그래프를 보니 남성보다 여성의 성장이 비교적 빨리 이뤄지고, 사람보다 개의 성장이 빨리 이뤄짐을 알 수 있다.

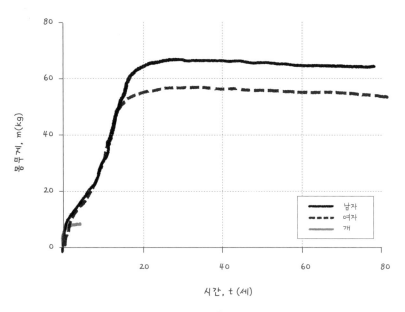

시간, t (세)

그림 1 차원이 있는 변수로 표시된 성장곡선

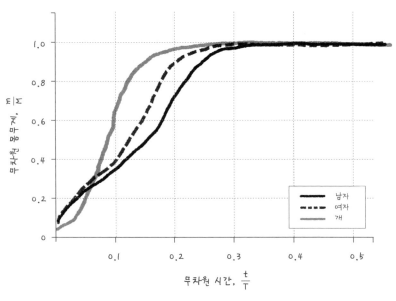

무차원 시간, $\frac{t}{\tau}$

그림 2 무차원 성장곡선

10
무차원변수
무차원 인생의 길이

하루살이가 불쌍하다고 여긴 적이 있다. 지금 날아다니고 있는 하루
살이들이 하루, 고작해야 며칠이 지나면 모두 죽어 사라진다고 생각하
니 참으로 가련하다는 생각이 들었다. 개도 마찬가지다. 개의 평균수명을
10년 정도로 보면 그렇다. 반대로 거북이는 어떤가. 100년을 훌쩍 넘겨
사는 거북이도 있으니 오래 살아 얼마나 좋을까 부럽기도 했다.

동물들의 수명은 짧게는 며칠에서 길게는 몇 백 년에 이르기까지 넓
게 퍼져 있다. 따라서 동물들의 수명은 절대적인 시간의 길이보다는 '무
차원화'된 상대적인 시간의 길이로 비교하는 것이 더욱 의미가 있을 것
이다. 무차원화란 어떤 기준이 되는 양에 대해 비교대상의 양은 어떤지
나타내는 것을 말한다. 앞에서 설명한 바와 같이 건축의 진척도를 나타

내거나 상대적인 국민소득을 표현하는 등 일상생활에서 흔하게 사용하는 개념이다.

공학이론에서도 다양한 방법으로 무차원변수를 정의하여 실험의 근거를 제시하며, 물리현상의 상사성*을 설명하는 데 이용한다. 유체역학에서는 공기 중 음속을 기준으로 유동속도의 비를 마하수*로 정의하고 비행기의 속도를 표시하는 데 사용한다. 이밖에도 레이놀즈수*, 프루드수* 등 다양한 무차원변수가 정의되어 있다.

이제 무차원화 개념을 적용해 여러 동물들의 '무차원 수명'을 서로 비교해보기로 하자. 우선 기준이 될 수 있는 특성시간의 길이를 정의해야 한다. 특성시간으로 삼을 만한 것은 각 동물이 가지고 있는 고유한 시간 길이, 예를 들면 심장이 한 번 박동하는 데 걸리는 시간이나 한 걸음 또는 한 번 날갯짓 하는 시간 등을 생각해볼 수 있다. 그런데 하루살이 같은 작은 곤충들은 우리 같은 포유류의 심장을 가지고 있지 않으므로 심장 박동시간을 공통적인 특성시간으로 이용하기는 어렵다. 따라서 여기서는 각 동물의 고유한 길이, 다시 말해 특성길이를 특성속도로 나눈 값을 특성시간으로 삼기로 한다.

사람의 경우 특성길이는 평균적인 키로 하고(약 1.7미터) 특성속도는 평균 보행속도(한 시간에 약 3.6킬로미터, 즉 1초에 1미터)로 하자. 그럼 사람의 특성시간은 키를 보행속도로 나눈 값인 1.7초가 된다. 이 시간은 사람이 자신의 키 정도의 거리를 걸어가는 데 소요되는 시간이다. 다른 동물들도 마찬가지로 특성시간을 자신의 키(또는 길이)에 해당하는 거리를 이동하는 데 걸리는 시간으로 한다.

자 이제 무차원 수명을 구해보자. 앞서 설명한 무차원화 개념에 따르

여러 동물들의 평균적인 실제 수명과 특성시간에 근거한 무차원 수명

	평균수명 (실제 수명 T)	평균길이 (특성길이 L)	평균속도 (특성속도 V)	특성시간 ($\tau = \frac{L}{V}$)	무차원 수명 ($\frac{T}{\tau}$)
하루살이	3일	1mm	4m/s	0.00025초	1.0×10^9
파리	3주	6mm	4m/s	0.0015초	1.2×10^9
쥐	1년	8cm	3m/s	0.027초	1.2×10^9
개	12년	1m	3m/s	0.33초	1.1×10^9
사람	70년	1.7m	1m/s	1.7초	1.3×10^9
거북이	150년	0.8m	0.2m/s	4초	1.2×10^9

면 무차원 수명이란 특성시간τ에 대한 실제 수명T의 비라고 할 수 있다.
다시 말해 실제 수명을 특성시간으로 나눈 값이다($\frac{T}{\tau}$). 위쪽 표에서는
평균키(길이)를 특성길이로 하고 평균 보행속도(또는 비행속도)를 특성
속도V로 하여 특성시간τ을 구한 후 특성시간으로 평균적인 실제 수명T을
나누어 여러 동물들의 무차원 수명을 비교해봤다.

하루살이부터 거북이까지 수명이 다른 여러 종류의 동물들이 있지만,
놀랍게도 이들의 무차원 수명은 10~13억 정도로 모두 동일한 계산차수*
를 갖는다. 즉 어느 동물이든 평생 동안 자신의 키에 비례하여 이 정도에
해당하는 거리를 움직일 수 있도록 정해져 있다는 것이다. 약간의 차이
는 있지만 하루살이는 10억 번의 날갯짓을 할 수 있고, 사람은 13억 보를
걸을 수 있다. 잠도 안자고 평생토록 계속 움직인다면 말이다.

우리는 나이가 들어가면서 시간이 점점 빠르게 흐른다고 느낀다. 아
이에게나 노인에게나 하루 24시간, 1년 365일은 똑같이 주어지건만 느끼

는 시간의 속도는 서로 다르다. 아이들은 빨리 어른이 되고 싶어 하지만 시간은 더디게만 흘러간다. 그러다 노인이 되면 하루가 왜 이렇게 빨리 가는지 안타깝기만 하다.

인생의 시기별 무차원 세월이라는 것도 한번 생각해보자. 아이일 때는 키가 작고 동작은 빠르기 때문에 특성시간이 매우 짧다. 그만큼 빨리 생각하고 많이 움직인다는 의미다. 상대적으로 하루가 길다. 아이들이 뛰어 노는 것을 보면 이해가 간다. 나이든 사람이 그 정도로 움직였다가는 몸살이 나고 말 것이다.

시간이 흘러 청년이 되면 움직이는 속도는 비슷하지만 키가 커지기 때문에 특성시간의 길이는 길어진다. 그러다 장년기를 거쳐 노년기로 갈수록 키의 변화는 거의 없지만 거동이 자꾸 느려져 특성시간의 길이가 더욱 길어진다. 그만큼 상대적으로 하루 길이가 짧게 느껴진다.

청소년기의 키와 동작속도를 기준으로 해서 인생 시기별 상대적인 체

인생 시기별 실제 시간과 체감시간

	연령대	실제 시간	상대적 키	상대적 동작속도	상대적 특성시간	체감시간
유아동기	0~10세	10년	0.8	1.2	0.667	15년
청소년기	11~25세	15년	1	1	1.000	15년
청년기	26~45세	20년	1	0.75	1.333	15년
중노년기	46~70세	25년	0.9	0.54	1.667	15년

감시간을 구해보자. 유아동기는 짧으니 임의로 10년으로 하고 나이가 들수록 점점 길어져 중노년기는 25년으로 잡아본다. 나이가 들수록 시기별 실제 시간은 길어지지만 특성시간의 길이도 함께 늘어지기 때문에 무차원 세월, 그러니까 체감하는 시기별 길이는 거의 같다고 볼 수 있다. 따라서 10년을 15년처럼 보내는 유아동기에는 시간이 느리게 가는 것 같고, 25년을 15년처럼 보내는 중노년기에는 시간이 빨리 가는 것처럼 느껴진다. 위쪽 표는 인생 시기별로 키와 동작속도의 비를 특성시간으로 하여 계산된 무차원 세월(체감시간)을 보여주면서 왜 나이가 들수록 세월이 빨리 가는 것처럼 느끼는지를 설명해준다.

우리는 자신의 수명을 정확히 알지 못하지만 누구에게나 한평생이 주어져 있다는 것은 안다. 인생의 절대적 시간의 길이가 중요한 것이 아니라 무차원 인생의 길이가 중요하다. 항상 부지런히 활동하고 끊임없이 사고한다면 남들보다 긴 무차원 인생을 누릴 수 있지 않을까.

상사성similarity

두 개의 물체가 서로 모양이나 현상이 닮은꼴인 상태를 말한다. 공학에서 상사성이란 형상이 닮은꼴인 기하학적 상사와 각 위치에서 작용하는 힘의 비율이 일치하는 역학적 상사가 모두 이루어진 상태를 말한다. 이들 상사가 만족되면 전체 공간에서 대응하는 속도비나 가속도비가 일치하는 운동학적 상사가 이뤄진다. 예를 들어 자동차 항력을 구하기 위해 축소 모형을 만들어 실험할 때 크기를 줄여 기하학적 상사만 맞춘다고 실제와 동일한 실험결과를 얻을 수 있는 것은 아니다. 기하학적 상사와 더불어 역학적 상사가 이뤄지도록 해야 운동학적 상사가 이뤄지고, 모든 상사법칙을 적용할 수 있다.

마하수Mach number, Ma

음속 c에 대한 유체 내 물체의 속도 V의 비로서 $\frac{V}{c}$로 정의된다. 마하수가 1보다 작으면 아음속subsonic 유동, 1보다 크면 초음속super sonic 유동이라고 한다. 음속보다 빠르게 비행하면 초음속 비행, 음속보다 느리게 비행하면 아음속 비행을 한다고 말한다.

레이놀즈수Reynolds number, Re

유체역학에서 가장 중요한 무차원변수다. 점성력에 대한 관성력의 비를 나타내며 $\frac{\rho V L}{\mu}$로 정의된다. 여기서 V와 L은 각각 물체의 특성속도와 특성길이를 나타내고, ρ와 μ는 각각 유체의 밀도와 점성계수다. 레이놀즈수는 규칙적인 흐름인 층류와 불규칙적인 흐름인 난류의 유동 형태를 결정짓는 무차원변수다.

프루드수 Froude number, Fr

강물의 흐름과 같이 표면이 있는 유동에서, 표면에서 전파되는 파도속도에 대한 유체속도의 비를 말하며 $\frac{V}{\sqrt{gL}}$로 정의된다. 여기서 g는 중력가속도, L은 특성길이다. 프루드수가 1보다 작으면 아임계 유동, 1보다 크면 초임계 유동이라고 한다. 프루드수는 중력에 대한 관성력의 상대적인 비를 나타내는 무차원변수다.

계산차수 order of magnitude

어떤 수치에서 그 10배 이내의 범위 또는 자릿수를 가리킨다. 정확한 크기가 아니라 대략적인 크기의 정도를 비교할 때 사용한다. 예를 들어 0.1, 22, 33 세 개의 수가 있을 때 22와 33은 계산차수가 같고, 0.1과 22는 계산차수가 다르다고 할 수 있다.

11
공학적 단위감각
코끼리 무게 재기

공학하는 사람들은 '정확'을 생명으로 한다. 조금이라도 더 정확한 결과를 얻기 위해 많은 노력을 한다. 정밀한 실험을 계획하고, 점점 세밀한 계산을 해 들어간다. 그런데 정밀한 결과만을 추구하다 보면 소수점 이하 자리에 많은 신경을 쓰게 되고, 오히려 자릿수에는 신경을 덜 쓰는 것 같아 염려될 때가 많다.

한 교수가 중간고사에 코끼리의 무게를 계산해보라는 문제를 냈다. 코끼리 그림에 적당히 치수를 주고, 각자 알아서 필요한 가정을 하여 코끼리 무게를 근사하게 계산해보라는 문제였다. 학생이 구한 결과를 정답과 비교하여 그 비율에 따라 점수를 주기로 했다(정답이 따로 없을 경우 출제한 교수가 계산한 결과를 정답으로 한다).

만약 정답이 3,000킬로그램인데 결과가 2,700킬로그램이라면 90점 ($\frac{2,700}{3,000} \times 100$점)을 받게 된다. 마찬가지로 결과가 3,300킬로그램이라면 역수로 계산하여 역시 90점($\frac{3,000}{3,300} \times 100$점)을 받는다. 따라서 이 경우 2,970킬로그램에서 3,030킬로그램 사이의 값이 나와야 100점을 받을 수 있다.

문제가 나가자마자 질문이 빗발쳤다.

"교수님 이거 몇 장 문제입니까? 동역학적으로 풀어야 합니까? 유체역학적으로 풀어야 합니까?"

황당한 질문은 이어졌다.

"이거… 시험범위… 아닌 거… 같은데여…!"

어떤 가정을 해도 좋고 어떤 방법을 써도 좋으니 마음대로 계산해서 답만 맞추면 된다는 말에 학생들은 일단 받아들이고 문제를 풀기 시작했다.

시험이 끝난 후 교수는 정답을 설명했다.

"가정이 타당하고 답이 근사하면 어떻게 풀더라도 상관없다. 하지만 내가 푼 방법은 이렇다. 코끼리 머리를 구로 생각하고, 몸통과 다리는 각각 원통으로 생각해 부피를 계산한다. 코끼리의 꼬리와 귀의 부피는 무시한다. 또 밀도는 물과 같다고 가정한다…, 이러고 저러고 해서 코끼리의 무게는 3,000킬로그램이다."

학생들이 제출한 답안지에는 황당한 풀이가 여럿 있었다. 그중에서도 가장 황당한 것은 기가 막힌 가정에 근거한 것이었다.

'코끼리 한쪽 다리에 걸리는 하중을 750킬로그램이라고 가정하면, 다리가 네 개이므로 3,000킬로그램이다.'

무슨 수로 한쪽 다리에 걸리는 하중을 가정할 수 있었는지 모르겠다.

'코끼리의 부피를 3세제곱미터라고 가정하고 밀도를 물과 같다고 생각하면, 코끼리의 무게는 3,000킬로그램이다.'

무엇이 가정이고 무엇이 정답인지 구분하지 못하는 학생이었지만, 뛰어난 부피적 직관에 만점을 줄 수밖에 없었다.

두 번째로 황당한 풀이는 교수가 제시한 것보다 더 세분해 계산한 것이었다.

"교수님, 코끼리의 꼬리와 발톱의 무게를 무시하면 어떡합니까? 저는 그것들도 모두 합산했더니 3,000킬로그램이 아니라 3,211.2킬로그램이 나왔습니다. 제 답이 더 정확하지 않습니까? 단지 제가 자릿수를 잘못 계산해서 3.2112킬로그램으로 잘못 썼을 뿐입니다."

그러나 불행하게도 처음 약속대로 그 학생은 $\frac{3.2112}{3,000} \times 100$점 ≒ 0.1점을 받았다. 심지어 어떤 학생은 생각지도 않은 코끼리의 털 무게까지 계산했다. 털의 길이와 지름을 대략 가정하고 단위 표면적당 털의 개수를 곱해 털 무게를 계산했다나.

우리는 세세한 코끼리의 꼬리나 털에 집착하다가 1,000이나 100만을 곱하는 것을 잊을 수 있다. 소수점 이하 둘째 자리가 틀린 것은 알면서 100배 또는 1,000배가 틀렸는데도 무엇이 틀렸는지조차 모르는 경우가 생긴다. 조금 과장하자면 댐을 건설하는 데 필요한 콘크리트 양을 계산하면서 1,000을 곱하지 않아 트럭 한 대 분으로 계산될 수도 있고, 40밀리미터 수도관을 매설하는데 100으로 나누지 않아 지름 4미터짜리 리비아 대수로관을 묻어야 할 수도 있지 않겠는가.

엔지니어에게 '감sense'은 중요하다. 모든 엔지니어링 계산에서 적절한 가정과 정확한 계산이 필요하지만, 전반적인 계산차수는 우선해서 파악하고 있어야 한다. 엔지니어가 다루는 숫자는 수학에 나오는 수 자체가 아니다. 항상 단위를 염두에 둔 숫자다.

내 키가 176센티미터라고 말하면 사람들은 고개를 갸우뚱한다. 실제로는 175센티미터이기 때문이다. 사람의 키를 볼 때 우리는 ±1센티미터를 구분해낼 정도로 매우 정확한 감각을 가지고 있다. 반면 잘 모르는 단위에 대해서는 몇 배 또는 몇 십 배가 틀려도 잘못됐음을 전혀 알아차리지 못할 때가 많다.

단위에 대한 감각을 키우려면 평소 우리 주위에서 접할 수 있는 여러 가지 단위들, 예를 들면 전등에 소요되는 전력량W, 자동차의 속도km/h, 물의 밀도kg/m³나 공기의 비열J/kgK, 물기둥에 의한 압력Pa 등에 대해 대략적인 감각을 갖도록 노력해야 한다.

12
불확정성 원리
몰래카메라

　학생들이 교실 안에 앉아서 모두 조용히 그리고 얌전히 시험문제를 풀고 있다. 시험감독을 하는 교수는 차분한 분위기 속에서 부정행위 없이 시험이 잘 진행되는 것에 매우 만족스럽다. 그러나 교실 한쪽 구석에서는 감독 교수의 눈에 비친 모습과는 전혀 다른 상황이 벌어지고 있다. 물론 교수가 쳐다볼 때는 다시 얌전한 모습으로 돌아간다. 감독 교수의 시야 범위를 정확하게 재기라도 한 듯이 교수의 고개가 돌아가는 것과 동조되어 두 개의 다른 모습이 파도타기를 하고 있다. 교수가 관찰한 내용은 실제와 전혀 다르다. 관찰한다는 사실이 관찰하고자 하는 내용을 바꾸어놓았다. 불확정성의 원리가 적용된 것이다.

　텔레비전 프로그램에 '몰래카메라'가 종종 등장한다. 관찰될 때와 관찰되지 않을 때 사람들의 행동이 달라진다는 것에 몰래카메라의 묘미가 있다. 시청자들은 촬영되고 있다는 사실을 숨기고 찍은 실제 상황을 보고 싶어 한다. 실험자가 무언가를 측정하려고 할 때 계측기의 영향을 받지 않은 측정대상의 실제 상태를 정확하게 측정하고 싶어 하는 것과 마찬가지다.

$$\triangle x \triangle p \geq \frac{\hbar}{2}$$

1927년 독일의 물리학자 하이젠베르크*는 '어떤 물체의 위치와 속도를 동시에 정확하게 측정하는 것은 불가능하다'는 사실을 발견했다. 이를 불확정성 원리uncertainty principle라고 한다.

위치의 불확정성($\triangle x$)과 운동량(질량에 속도를 곱한 값)의 불확정성($\triangle p$)의 곱은 항상 어느 값 이상으로 나타난다($\hbar = \frac{h}{2\pi}$, 플랑크상수 $h = 6.625 \times 10^{-34}$Js). 즉 위치의 불확정성을 작게 하려면 운동량의 불확정성이 커지고, 운동량의 불확정성을 작게 하려면 위치의 불확정성이 커질 수밖에 없다. 따라서 위치와 속도(운동량을 질량으로 나눈 값)를 동시에 정확하게 측정하는 데에는 한계가 있다.

우리는 어떻게 물체의 위치를 인식할 수 있을까? 그것은 물체에 비추어진 빛이 반사되어 우리 눈으로 들어오기 때문이다. 위치를 인식하기 위해 동원된 빛의 알갱이인 광자photon가 전자electron 같은 작은 입자에 부딪히면 그 전자의 움직임에 영향을 미친다. 따라서 전자의 운동속도를 변화시키지 않고는 정확한 위치를 측정할 수가 없다. 비유해 설명하자면 깜깜한 방에서 더듬어가며 풍선의 위치를 찾아내는 것과 같다. 앞이 안

보이는 상태에서 떠 있는 풍선의 위치를 알아내기 위해 이리저리 팔을 휘저으며 방안을 돌아다닌다. 그러다가 팔로 풍선을 치는 순간 풍선이 거기 있다는 것을 알아냈다. 하지만 그 순간 풍선은 이미 다른 곳으로 이동해버려 다시 그 정확한 위치를 알 수 없게 된다.

속도와 위치의 불확정성이 전자처럼 미세한 입자에서만 나타나는 것은 아니지만 커다란 입자에서는 그 영향이 워낙 미미하기 때문에 고려할 필요조차 없다. 축구공의 운동량은 광자의 운동량에 비하면 워낙 크기 때문에 축구공에 광자가 부딪혀도 축구공의 운동량을 거의 변화시키지 못한다. 혹시 염력이 높은 도인이나 수많은 축구팬들이 강렬한 눈빛으로 축구공을 쳐다보면 강력한 광자가 다량 방사되어 축구공의 운동량이나 위치를 다소 변화시킬지도 모른다고 상상은 해볼 수 있겠다.

앞에서 몰래카메라를 이야기할 때도 잠깐 설명했지만, 양자역학에서 출발한 불확정성 원리는 측정대상과 계측기의 상호 간섭으로 확대 해석할 수 있다. 우리가 계측기로 측정한 값은 계측기가 설치되지 않은 원래의 상태가 아니라 계측기에 의해 변형된 상태를 측정한 결과다. 무엇을 측정한다는 것은 정도의 차이는 있지만, 그 상태를 방해했을 때 나타나는 변화를 계측기로 측정하는 것이다. 따라서 계측기의 간섭은 불가피한 측면이 있다.

유량을 측정하기 위해 관로 내에 유량계를 삽입하면 그 자체로 흐름을 방해한다. 그 방해작용 때문에 나타나는 변화를 감지하여 유량을 측정한다. 또 온도를 측정하기 위해서는 온도계를 접촉시켜야 하는데, 온도계를 접촉하면 원래의 온도가 다소 바뀐다. 온도계 안의 알코올이 팽창하기 위해서는 그 대상으로부터 열을 전달받아야 하기 때문이다.

우리는 건강검진 때 혈액검사를 위해 피를 뽑는다. 얼마간의 피를 뽑는다고 우리의 건강 상태가 크게 바뀌지는 않는다. 그러나 모기의 건강 상태를 파악한다고 한 방울의 피를 뽑는다면 원래의 상태를 크게 바꿔놓을 수 있다. 따라서 정확하게 측정하려면 가능한 한 계측기 자체나 계측 작용 때문에 원래의 상태가 바뀌지 않도록 계획해야 한다.

베르너 하이젠베르크 Werner Heisenberg(1901~76)

독일의 물리학자이자 철학자다. 독일 뮌헨대학교의 문헌학 교수인 아버지의 영향을 받아 고전문학과 그리스 철학에도 조예가 깊었다. 양자역학 확립에 기여한 업적으로 1932년 노벨 물리학상을 받았다. 나치 치하에서 독일에 남아 우라늄 연구를 주도했지만 군사무기 개발에는 반대했고, 제2차 세계대전 이후에는 원자력의 평화적 이용에 앞장섰다. 하이젠베르크가 발견한 불확정성 원리는 입자의 위치와 운동량을 동시에 정확하게 측정할 수 없다고 말한다. 이 원리는 객관적인 관찰에 대해 의문을 갖게 하고 결정론적인 사고에 대한 인식을 바꿔 철학과 사상에도 많은 영향을 미쳤다.

13
도플러효과
교통경찰 따돌리기

도플러효과Doppler effect란 파동의 발생원source이 이동할 때 이동 방향과 속도에 따라서 파동의 주파수가 다르게 관측되는 현상을 말한다.

주파수frequency란 파동이 매초 반복해 진동하는 횟수를 의미하며 보통 Hz(헤르츠)로 표시한다. 1초에 1회 진동을 반복하면 1헤르츠다. 파장wave length은 한 번의 주기가 가지는 길이, 즉 파형 하나의 길이며 단위는 미터다. 주파수f와 파장λ, 파동의 전달속도c 사이의 관계는 다음과 같다.

$$f = \frac{c}{\lambda}$$

위의 관계식을 보면 알 수 있듯이 파동의 전달속도는 파장과 주파수

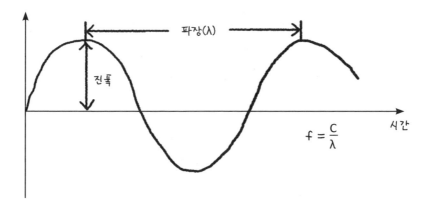

주파수와 파장, 진폭

의 곱과 같다. 따라서 전달속도가 일정하다면 파장과 주파수는 서로 반비례 관계에 있다. 다시 말해 주파수가 높으면 파장이 짧고 주파수가 낮으면 파장이 길어진다. 소리의 경우 주파수가 높은 소프라노는 파장이 짧고, 주파수가 낮은 테너는 파장이 길다. 빛의 경우는 붉은색이 주파수가 낮고(파장이 길고), 푸른색 쪽으로 갈수록 주파수가 높다(파장이 짧다).

정지하고 있는 상태의 주파수를 f_0라고 할 때 이동하고 있는 파원의 주파수 f는 다음과 같이 인식된다.

$$f = \frac{f_0}{(1 - \dfrac{V}{c})}$$

여기서 V는 발생원과 관찰자의 상대적인 접근속도고, c는 파동의 전파속도다. 도플러효과는 기차가 다가올 때는 실제 기적소리보다 피치pitch

75

가 높은 고음으로 들리고, 반대로 멀어져갈 때는 낮은 저음으로 들리는 이치를 설명한다. 도플러효과는 소리뿐 아니라 빛이나 전자파 등 모든 형태의 파동에 적용된다. 그래서 광원이 관측자 쪽으로 다가갈 때는 주파수가 실제보다 높은 빛으로 보이고, 멀어질수록 주파수가 낮은 빛으로 보인다.

도플러효과를 이용하면 지구에서 보이는 별의 색과 원래 그 별이 갖고 있는 색의 차이를 이용해 지구와의 상대운동 속도를 계산할 수 있다. 미국의 천문학자 에드윈 허블Edwin Hubble(1889~1953)은 이를 이용해 우주가 팽창한다는 사실을 밝혀냈다.

유체의 속도를 측정하는 센서 중에도 도플러효과를 이용한 것들이 있다. 초음파 유량계Ultrasonic Flowmeter나 레이저 도플러 유속계Laser Doppler Velocimeter, LDV가 대표적이다. 초음파 유량계는 관로 내를 흐르는 유체에 초

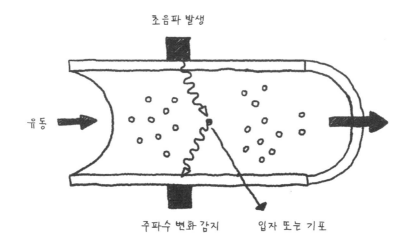

도플러효과를 이용한 초음파 유량계의 원리

음파를 쏜 후 유체에 섞여 있는 불순물 등의 입자에 초음파가 부딪혀 반사될 때 주파수의 변화를 감지하여 유체의 속도를 측정한다. 관 바깥쪽에 부착하기 때문에 관로를 절단하거나 관로 내의 유체 흐름을 방해하지 않고 유량을 측정할 수 있어 매우 편리하다.

레이저 도플러 유속계는 교차시킨 두 개의 레이저 광선이 이루는 프린지fringe(무늬)를 유체 내 입자가 통과할 때 이 입자에 의해 산란된 빛의 도플러효과를 이용해 유속을 측정한다. 빛의 미세한 주파수 변화를 감지해야 하므로 매우 정교한 광학장비가 필요하다.

한 운전자가 차를 몰고 집으로 가는 길에 교차로에서 그만 적색신호를 지나치고 말았다. 경찰관은 신호위반을 발견하고 이 차를 길가에 세웠다. 스티커를 발부하기 위해 경찰관이 다가왔을 때 운전자는 예전에 학교에서 배운 도플러효과가 생각났다.

"경찰관님! 도플러효과를 아시는지 모르겠습니다만, 저는 분명히 녹색신호일 때 교차로를 통과했습니다. 그런데 도플러효과 때문에 신호등에 다가가면서 실제 색(적색)보다 파장이 짧은(주파수가 높은) 녹색으로 보인 것 같습니다. 그러니까 신호위반이라고 할 수 없어요."

그러자 경찰관이 대답했다.

"아! 그렇군요. 저도 학교 다닐 때 물리시간에 배워서 도플러효과를 잘 알고 있습니다."

운전자가 안도의 한숨을 내쉬며 그대로 출발하려는데, 경찰관은 잠시 동안 무엇인가를 열심히 계산하더니 이렇게 말했다.

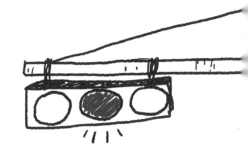

"신호위반 대신 속도위반 딱지를 떼야 할 것 같군요. 빛의 속도는 3.0×10^8m/s니까 적색($\lambda = 0.630\mu$m, $f_0 = 4.8 \times 10^{14}$Hz) 신호가 녹색 ($\lambda = 0.515\mu$m, $f = 5.8 \times 10^{14}$Hz) 신호로 보이기 위해서는 5.5×10^7m/s의 속도로 운전했다는 말이네요. 이 속도는 이 도로의 제한속도 시속 80킬로미터를 훨씬 초과합니다."

14
푸리에급수
모든 신호를 처리하는 마법사

학이시습지學而時習之면 불역열호不亦說乎.

아! 배우고 때로 익히면 또한 기쁘지 아니한가.

돌이켜보건대 내가 학교 다니면서 가장 기뻤던 때는 공업수학에 나오는 푸리에급수를 배웠을 때였던 것 같다. 이후 푸리에 변환과 고속 푸리에 변환을 배우면서 좀더 깊은 뜻을 이해할 수 있었다.

급수series란 수열이나 함수열의 모든 항들을 더한 것을 말한다. 푸리에급수Fourier series는 주기함수인 정현함수(사인함수)의 조합으로서 모든 연속적인 주기함수는 푸리에급수로 표현할 수 있다. 하나의 소리굽쇠는 규칙적인 정현파(사인파) 형태의 소리를 만들어낸다. 정현파에서 중요한 것은 주파수와 진폭amplitude이다. 큰 소리굽쇠는 낮은 주파수의 소리를 만들고, 작은 소리굽쇠는 높은 주파수의 소리를 만들어낸다. 또한 소리굽쇠를 두드리는 세기에 따라서 진폭, 즉 소리의 강도가 결정된다.

두 개의 소리굽쇠가 동시에 울릴 때 나는 소리는 각 소리굽쇠가 울릴 때 나는 소리를 합친 것과 같다. 마찬가지로 크고 작은 여러 개의 소리굽쇠를 동시에 울릴 때 발생하는 파형은 각각의 소리굽쇠에서 발생하는 단순 정현파($\sin \omega_n t$)들을 모두 합친 복잡한 파형이 된다. 이 파형을 식으로 표현하면 다음과 같다. 여기서 ω는 각진동수로 진동수의 2π배다.

$$f(t) = a_1 \sin \omega_1 t + a_2 \sin \omega_2 t + a_3 \sin \omega_3 t + \cdots$$

거꾸로 생각하면 푸리에급수는 아무리 복잡한 파형이라 할지라도 몇 개의 소리굽쇠가 만들어내는 단순 정현파형의 조합으로 분해해낼 수 있다. 푸리에급수는 비단 소리 신호뿐 아니라 모든 형태의 주기함수나 신호에도 적용할 수 있다. 공업수학 시험에서는 함수를 주고 푸리에급수의 계수(각 파형의 크기)를 구하라는 문제가 종종 나온다.

여기서 더 나아간 푸리에 변환Fourier transform은 푸리에급수의 연장으로, 주기함수가 아닌 과도함수 같은 비주기함수에 적용된다. 푸리에급수가 한 배, 두 배…와 같이 정해진 주파수를 갖는 몇 개의 소리굽쇠 소리만을 나타낸다면, 푸리에 변환은 연속적인 주파수를 갖는 정현파들의 무한 조합(무한 개의 소리굽쇠)으로 나타낼 수 있다.

주어진 함수를 푸리에 변환하면 시간대역time domain에서 주파수대역frequency domain으로 바꿀 수 있고, 푸리에 역변환하면 반대로 바꿀 수 있다. 이를 주파수 분석spectrum analysis 이라고 한다. 이 작업은 복잡한 적분과정

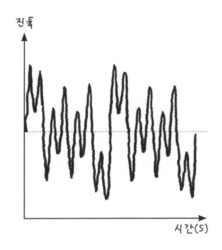

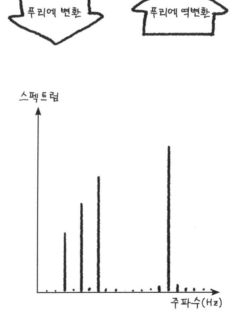

푸리에 변환과 푸리에 역변환

81

이 필요하다. 그러나 이렇게 복잡한 적분 계산은 수학 시험에나 나올 뿐이며, 푸리에 변환에 나오는 적분식은 함수 형태로 주어지지 않는 실제의 측정값이나 데이터에 대해서는 무용지물이다.

경험 많은 엔지니어들은 고장난 기계장치의 여기저기를 두들겨서 나는 소리를 듣고 이상異狀 주파수를 감지해 고장 부위를 찾아내기도 한다. 실제로 주먹으로 책상을 두드려보면 알 수 있다. 책상 한쪽 구석에 볼펜이나 나사 같은 작은 물체가 놓여 있으면 더욱 좋다. 쿵쿵 하며 책상이 울리는 저주파 성분의 소리에 작은 볼펜이 만들어내는 고주파 성분의 소리가 중첩되어 들리는 것을 구분해낼 수 있을 것이다. 여러분도 노력하면 경험 많은 엔지니어처럼 소리만 듣고도 각각의 주파수 성분이 어느 부위에서 발생하는지 분석해내는 인간 푸리에 변환의 경지에 이를 수 있을지도 모른다.

주파수 분석을 데이터 처리에 널리 이용할 수 있게 된 데에는 1960년대 MIT의 한 대학원생이 개발한 고속 푸리에 변환Fast Fourier Transform, FFT 알고리즘의 공로가 크다. 연속함수가 아니라 불연속적인 일련의 데이터, 즉 숫자들을 변환 처리하려면 이산 푸리에 변환Discrete Fourier Transform, DFT을 해야 한다. 이 작업은 지수함수의 함수값을 수없이 반복계산해야 하므로 연산량이 상당히 많다. FFT 알고리즘은 이러한 DFT의 지루하고 반복적인 계산을 영리하게 단순화해 계산속도를 획기적으로 높여주었다.

FFT 개발 이전에 아날로그 신호를 주파수 분석하려면 오디오 장치나 스펙트럼 분석기에 들어 있는 하드웨어적인 고가의 복잡한 전자회로가 필요했지만, FFT가 개발된 이후에는 디지털 데이터를 소프트웨어적으로 처리하는 비교적 저렴한 컴퓨터 프로그램으로 대체되었다. 이에 따라

그 옛날 전설의 마란츠나 매킨토시 같은 명품 아날로그 오디오 시스템은 값싼 컴퓨터와 CD 플레이어에 자리를 물려줄 수밖에 없었다.

현재 주파수 분석은 음성 신호나 기계적인 진동 신호를 처리하는 것 말고도 데이터를 압축하는 데에도 응용된다. 만일 0101010101010101이라는 16개의 반복 데이터를 있는 그대로 저장한다면 데이터 개수만큼의 메모리 공간이 필요하다. 이 데이터에 대해 주파수 분석을 하면 파장의 길이가 2(데이터가 두 개마다 반복)이고, 변동폭은 1(진폭이 1)이 된다. 따라서 2와 1이라는 두 개의 데이터만 저장하면 푸리에 역변환을 통해 이 데이터를 재생해낼 수 있다.

주파수 분석을 이용하면 이미지나 동영상 파일 같은 대용량 데이터를 압축할 때 특히 유용하다. 단 압축과정에서 주된 주파수 몇 개만 이용되고 나머지 부수적인 주파수는 생략되기 때문에 약간의 데이터 변형이 일어날 수 있다. 이미지 파일을 저장할 때 BMP 파일로 저장하는 방법과 JPG 파일로 저장하는 방법의 차이로 이해하면 된다.* 요즘은 압축 알고리즘이 엄청나게 좋아지고 컴퓨터 연산속도가 빨라져서 실시간으로 동영상 스트리밍을 가능하게 해주고 있다.

BMP와 JPG의 차이

BMP가 픽셀값을 하나하나 저장하는 방식이라면, JPG는 선명하지는 않더라도 전체적인 그림 모양을 먼저 몇 개의 저주파항으로 파악한 후 차츰 덜 중요한 고주파항을 더해나가면서 그림을 저장하는 방식이다.

예를 들어 구글맵을 볼 때 처음에는 덜 선명한 이미지로 시작하다가 전송된 데이터가 쌓이면서 차츰 선명한 이미지가 되는 것은 JPG 방식을 이용했기 때문이다. 만약 BMP 형태로 저장되어 있는 이미지를 불러들이거나 전송한다면 하나하나의 완벽한 픽셀값을 차례로 보내기 때문에 부분적이었던 이미지가 점차 완성되어나가는 모습을 보게 된다.

압축률을 높이려면 푸리에 급수의 주요 항 몇 개만 더해서 이미지를 저장하고, 압축률은 낮아도 원래 상태에 가까운 이미지를 원한다면 보다 많은 수의 푸리에 항을 더한다.

15
파동
생명의 바이브레이션

우리들 주변에는 다양한 파동이 있다. 바다에 가면 파도가 일고, 강물 표면에는 물결이 일렁인다. 용수철을 잡아당기면 진동이 발생하고, 바람이 불면 빨랫줄에 널어놓은 빨래들이 흔들거린다. 소리도 파동이고 빛도 파동이다.*

파동은 진폭과 주파수를 가지고 있다. 소리에 있어서 주파수란 소리의 높고 낮음을 의미하며, 진폭이란 소리의 크기를 의미한다. 파동의 주파수와 진폭을 이해하기 위해서는 푸리에 변환에 의한 스펙트럼 분석을 이해해야 한다. 시간대역의 신호를 주파수대역의 신호로 바꿔주는 것을 푸리에 변환이라 하고, 반대로 주파수대역의 신호를 시간대역의 신호로 바꿔주는 것을 푸리에 역변환이라고 한다.

그 과정을 식으로 표현하면 다음과 같다.

$$F(j\omega) = \int_{-\infty}^{\infty} f(t)\, e^{-j\omega t}\, dt$$

$$f(t) = \frac{1}{2\pi} \int_{-\infty}^{\infty} F(j\omega)\, e^{j\omega t}\, d\omega$$

여기서는 하나의 물체에서 어떤 파동이 발생할 수 있는지 살펴보기로 한다. 우선 물체는 고유진동수(주파수)를 가지고 있다. 이것은 동역학적인 진동수로서 질량과 크기에 따라 물체가 고유하게 가지는 진동수다. 바람이 불 때 전깃줄은 고유진동수에 따라서 윙 하는 소리를 내며, 북을 치면 고유한 음높이의 소리를 만든다. 작은북은 높은 소리를 내고, 큰 북은 낮은 소리를 낸다. 대형 구조물도 고유한 진동수를 가진다. 미국 워싱턴 주 타코마 시에 있는 타코마 다리는 한 번 붕괴된 적이 있었는데, 당시 바람의 변동진동수가 다리의 고유진동수와 맞아 떨어지는 공명현상˚에 의해 발생한 사고였다. 어쨌든 모든 물체는 고유한 동역학적 진동수를 가지고 있고, 이것에 의한 압력파가 가청 범위에 들어오면 청각적으로도 그 파동을 감지할 수 있다.

물체는 역학적인 파동뿐 아니라 광학적인 파동도 발생시킨다. 광학적인 파동은 물체 자체에서 발생하는 것이라기보다 주위의 광선을 반사시키는 것이며, 파장에 따라 반사율이나 흡수율이 달라 각기 다른 색상으로 인식된다.

물체가 자체적으로 발생시키는 파동으로는 물체의 절대온도˚에 따라 방출하는 전자기파가 있다. 빈의 법칙˚에 따르면 물체에서 발생하는 전자기파의 진동수는 절대온도에 비례한다. 태양처럼 고온(6,000캘빈)이

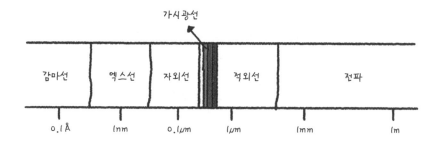

가시광선

| 감마선 | 엑스선 | 자외선 | 적외선 | 전파 |

0.1 Å   1nm   0.1μm   1μm   1mm   1m

파장에 따른 전자기파의 종류

라면 가시광선 영역의 진동수를 발생시키며, 이보다 온도가 낮은 별들은 진동수가 낮은 적외선 영역의 진동수를 발생시킨다. 온도가 훨씬 낮은 상온의 물체 역시 눈에 보이지는 않지만 진동수가 매우 낮은 원적외선 파동을 발생시킨다.

물체의 존재 자체도 파동으로 이해할 수 있다. 앞서 설명한 푸리에 변환을 시간축 대신 공간축으로 바꾸면 주파수대역 대신 공간파장대역의 변환으로 생각할 수 있다. 다만 공간은 3차원이므로 x, y, z 등 세 개의 독립변수를 갖는 3차원 푸리에 변환이 필요하다. 예를 들어 한쪽 방향으로 늘어서 있는 울타리는 1차원적인 푸리에 변환으로 생각할 수 있다. 규칙적으로 배열된 물체는 배치 간격에 의한 파장을 주성분으로 하는 정지된 파동이다. 상하좌우로 늘어서 있는 격자무늬는 2차원적인 푸리에 변환이라고 할 수 있다. 화면에 투영되는 영상 이미지도 마찬가지로 2차원적인 푸리에 변환이다.

일반적인 3차원 물체는 3차원 공간적인 파동의 조합으로 이해할 수 있다. 모서리가 날카로운 경계면은 계단 모양의 스텝함수step function에 의한 갑작스런 변화이며 상당한 고주파 성분을 포함하고 있고, 모서리가

87

물체에서 발생하는 각종 파동의 예

종류	인자	현상	파동 형태
동역학적	질량, 크기, 탄성	움직임에 따른 흔들림이나 떨림	고유진동수
청각적	인장력, 질량	진동수에 따른 음의 고저	가청진동수
광학적	색상, 표면의 반사율	표면에서의 광학적 반사	가시광선
공간적	크기, 형상, 질감	영상 처리에 따른 패턴 인식	공간파장
열적	복사온도, 방사율	절대온도에 따른 원적외선 발생	전자기파
생명적	생명력, 두뇌의 회전	생명의 바이브레이션	뇌파, 텔레파시

무딘 부드러운 경계면은 이러한 고주파 성분이 상대적으로 적게 포함된다. 그런 의미에서 물체의 존재 자체는 곧 파동이다.

언젠가 지하철에서 한 젊은 아가씨를 만났다. 만났다기보다는 자리에 앉아 책을 읽으며 무엇인가 열심히 생각하는 모습을 그냥 일방적으로 관찰했을 뿐이다. 나는 그녀에게서 끊임없이 발생하고 있는 묘한 파동을 감지할 수 있었고, 그 근원을 분석하기 시작했다.

나는 그녀의 피부에서 반사되고 있는 특정한 파장의 가시광선을 시각적으로 감지하고, 피부 온도에 의해 방사되고 있는 원적외선을 열적으로 느낄 수 있었다. 또한 나의 망막 속에 투영된 영상을 고속 푸리에 변환하여 그녀의 얼굴 형상에 대해 3차원 주파수 분석을 했다. 그녀의 얼굴은 각이 지지 않고 둥글둥글한 저주파 성분을 다량 포함하고 있었고, 얼굴 표면에 나 있는 솜털이 피부 경계면의 불연속에 의한 초고주파 성분을 걸러내고 완화smoothing효과를 주어 부드러운 인상을 발하고 있었다.

　팔, 다리, 머리 등 각 신체 부위의 작은 움직임이나 머릿결의 하늘거림에 의한 고유진동수는 가청진동수보다 낮고 그 진폭이 미약하여 내 고막을 진동시키지는 못했지만, 책을 읽을 때 간간히 발생하는 성대의 떨림이나 지하철이 흔들릴 때 발생하는 피부의 부스럭거림은 내 고막을 진동시켰다.

　그러나 그녀에게서 강하게 발생되고 있는 파동은 이러한 역학적이거나 광학적인 파동이 아닌, 잘 알지 못하는 또 다른 파동일 것이라는 생각이 들었다. 그것은 아마도 활발하게 움직이는 두뇌에서 발생하는 뇌파거나 강한 생명활동에서 발생하는 떨림현상일 거라 결론지었다. 항상 긴장하여 깨어 있고 끊임없이 사고하며 강한 생명력을 가진 사람만이 발산할 수 있는 그런 파동 말이다. 이러한 생명의 바이브레이션vibration이 없는 사람은 흡사 죽은 사람과도 같을 것이다.

파동의 공통적인 특성

● 파동이 전달되려면 매질이 필요하며, 매질 내에서 파동은 일정한 속도로 전파되어나간다. 그 속도를 소리라면 음속이라 하고, 빛이라면 광속이라고 한다. 파동의 전달속도는 일반적으로 매질의 밀도나 탄성에 따라 변한다. 예를 들면 소리 같은 압력파는 공기보다 탄성계수(탄성계수가 클수록 변형하기 어렵고 단단하다)가 큰 물속에서 전달속도가 빠르다. 물이 공기보다 조밀하므로 물속에서 음파의 전달속도가 공기 중에서보다 빠른 것이다.

● 파동이 전달되는 것은 매질의 이동과는 전혀 관계가 없다. 파동이란 매질이 실제로 이동하는 것이 아니라 매질 내의 어떤 변화가 옆으로 전달되어나가는 과정이다. 파도를 보면 바닷물이 앞으로 전진하는 것처럼 보이지만, 사실은 제자리에서 상하 또는 좌우 운동을 하고 있을 뿐이다. 응원석에서 파도타기 하는 것을 생각해보면 좀더 확실히 이해할 수 있다. 사람들은 각자 제자리에서 일어섰다 앉는 것을 반복할 뿐이다. 옆 사람이 일어나면 따라서 일어나면 되고, 옆 사람이 앉으면 잠시 후 따라 앉으면 된다. 옆 사람의 거동을 보고 천천히 따라 움직이면 파동의 전파속도가 느리게 나타나고, 빠르게 따라 움직이면 전파속도는 빠르게 나타난다. 정리하자면 파동이란 어떤 변화(일어섬 또는 앉음)가 옆으로 전파되어가는 과정이다. 발생한 음압의 변화가 옆으로 전달되는 것을 음파, 전자기장의 변화가 전달되는 것을 전파, 온도의 변화가 전파되는 것을 열파, 빛이 전달되는 것을 광파, 바닷물의 파고가 옆으로 전달되는 것을 해파라고 한다.

공명현상resonance

외부의 진동수가 물체의 고유진동수와 비슷할 때 진폭이 뚜렷하게 증가하는 현상을 말한다. 소리뿐 아니라 역학적 진동이나 전기적 진동 등 모든 진동에 일어나는 현상이며, 이중에서 전기적 공명과 기계적 공명일 때는 공진이라고 한다. 진동수가 같은 두 개의 소리굽쇠 중에서 하나를 울리게 하면 다른 소리굽쇠도 덩달아서 같이 울리는데, 이를 소리굽쇠의 공명현상이라고 한다.

절대온도absolute temperature

물리적으로 우주에서 가장 낮은 온도를 0도로 하는 온도 단위다. 이 온도를 절대영도라고 하며, 섭씨로는 영하 273.15, 절대온도로는 0K(캘빈)이다. 물리학자인 캘빈 경(윌리엄 톰슨William Thomson(1824~1907))이 도입하여 캘빈온도라고도 한다.

빈의 법칙Wien's law

물체는 에너지 레벨에 따라서 진동수가 다른 전자기파를 발생시킨다. 물체의 온도가 높을수록 진동수가 높은, 즉 짧은 파장을 발생시키는 현상을 발견한 빌헬름 빈Wilhelm Wien(1864~1928)의 이름을 따서 빈의 법칙이라고 한다. 예를 들어 온도가 낮은 별은 붉은색을 띄지만 온도가 높은 별일수록 노란색을 거쳐 점점 푸른색을 띠는데, 붉은색, 노란색, 푸른색으로 갈수록 파장이 짧아진다.

16
디지털 샘플링
세상을 보는 속도

　자연계에서 일어나는 현상은 모두 아날로그 형태다. 얼마전까지만 해도 측정한다는 것은 모두 아날로그적인 것을 의미했다. 집안에 있는 전력량계나 알코올 온도계가 전형적인 아날로그 측정기로서 대상의 변화에 따라 눈금이 연속적으로 변한다. 이러한 아날로그 측정은 기록하기가 쉽지 않다. 사람이 계측기 옆에 지켜 서서 일정한 시간 간격으로 눈으로 읽은 값을 기록하거나 연속적인 기록을 위해 지진 기록계나 온습도 기록계처럼 회전하는 두루마리 종이에 눈금에 따라 움직이는 펜을 연결하기도 한다.

　그러나 요즘은 디지털 기기의 발달로 디지털화된 측정기가 대세다. 자연계의 아날로그 신호를 AD 변환장치*를 통해 디지털 신호로 바꿔 컴

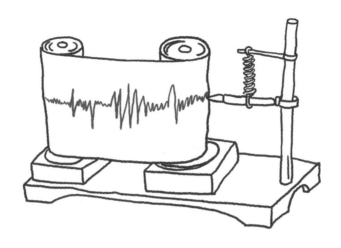

아날로그 방식의 실시간 기록계

퓨터에 저장한다. AD 변환장치가 시간에 따라 연속적으로 변화하는 신호에 대해 일정한 시간 간격으로 데이터를 샘플링하는데, 이를 디지털 샘플링digital sampling이라고 한다. 이렇게 측정된 결과는 수학적인 함수 형태가 아니라 불연속적으로 나열된 일련의 데이터 형태로 저장된다. 샘플링 간격을 짧게 하면 데이터가 많이 쌓이고 원래의 신호에 가까운 데이터를 얻을 수 있다. 반면 샘플링 간격을 길게 하면 데이터가 뜨문뜨문 쌓이고 샘플링 간격들 사이에 일어난 변화들은 정확하게 파악할 수 없다.

샘플링이론에 따르면 입력된 신호를 제대로 재현하기 위해서는 원래의 신호가 가지고 있는 최고 주파수의 두 배 이상 큰 주파수로 샘플링해야 한다. 이를 나이키스트의 샘플링Nyquist sampling 법칙이라고 한다. 만약 이 샘플링 법칙을 만족시키지 못하면 실제와 다르게 재현될 수 있다. 옛날 서부영화를 보면 마차 바퀴가 반대 방향으로 느리게 회전하는 것처럼 보일 때가 있다. 이는 필름의 한 컷이나 우리의 눈이 바퀴살의 회전 주파수에 비해 두 배 이상 빠르게 샘플링하지 못했기 때문에 생긴 현상이다.

소리나 음악을 디지털 파일로 만드는 것은 아날로그 음파 신호를 디지털화하여 데이터 파일로 저장하는 것이다. 고음의 소리를 제대로 재생하려면 역시 그 주파수의 두 배 이상 큰 주파수로 샘플링해야 한다. 사람이 들을 수 있는 주파수의 범위가 20~20,000헤르츠이므로 가청주파수를 모두 포함시키려면 샘플링 주파수를 40,000헤르츠(40kHz) 이상으로 해야 한다. 다시 말해 1초에 40,000회 이상의 음파 데이터를 저장해야 한다.

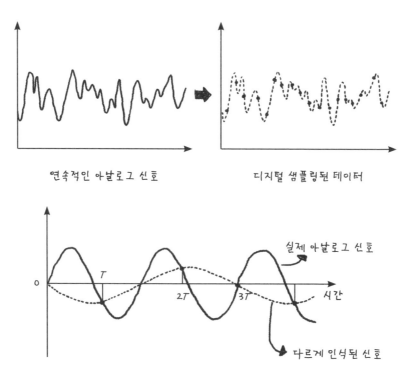

연속적인 아날로그 신호   디지털 샘플링된 데이터

아날로그 신호의 나이키스트 주파수에 못 미치게 샘플링되어
원래의 신호와 다르게 인식됨

94

그렇지 않으면 고주파 음역을 제대로 재생해낼 수 없다.

샘플링 주기를 짧게 하여 많은 데이터를 얻으면 원래의 신호를 잘 기록할 수 있으나 반대로 생각하면 불필요하게 많은 데이터를 얻게 된다. 주파수가 작은, 즉 변화가 그리 급격하지 않은 신호를 측정하고자 할 때는 굳이 샘플링 속도를 빠르게 할 필요가 없다. 샘플링 속도가 빠르면 고주파 성분은 잘 분해하지만, 오히려 저주파 성분은 놓치기 쉽기 때문이다. 순간적인 변화를 추종하고 작은 시간대에 걸친 변화에 집착하다 오히려 측정하고자 하는 거대한 변화의 트렌드를 놓치기 쉽다는 점과 일맥상통하는 이야기다.

한 아이가 바닷가에서 놀고 있었는데, 밀물 때가 되어 바닷물이 육지로 점점 다가오자 깜짝 놀랐다. 바닷물이 밀려들어오는 속도를 보건대 며칠 후에는 온 마을이 바닷물에 잠길 것 같았다. 아이는 친구들을 모두 불러내 바닷가에 둑을 쌓기로 했다. 열두 시간을 주기로 밀물과 썰물이 반복되는 사이클을 알지 못하고 짧은 기간의 관측에만 의존했던 이 아이는 아마 시간이 지나 바닷물이 빠져나갈 때 또 한 번 깜짝 놀랄 것이다.

해가 뜨고 지는 것을 여러 차례 경험한 아이는 밤이 지나면 새벽이 온다는 것을 알게 된다. 1년 사계절을 몇 번 경험하면서 겨울이 지나면 봄이 온다는 것을 깨닫는다. 마찬가지로 몇 십 년을 살아온 노인은 10년 단위의 커다란 사회적 변화를 경험하고 다음 세대에 변화의 방향을 이야기해줄 수 있다.

짧은 시간 스케일을 갖고 분주하게 사는 것은 젊은이에게 어울린다. 이들은 유행이나 사회의 변화를 순간순간 감지하며 민감하게 반응하고 많은 일을 해낸다. 반면 서서히 변화하는 사회의 큰 움직임을 감지하는 것은 긴 시간 스케일을 가진 노인에게 어울린다. 급변하는 사회 변화를 시시각각 감지하여 빠르게 반응하지는 못하지만, 뜨문뜨문 입력된 정보와 오랜 연륜을 바탕으로 우리 사회의 커다란 방향성을 제시할 수 있다.

거꾸로 생각해보면 장기적인 사회 변화를 감지하기 위해서는 오히려 바쁘게 일하지 말고 세상살이의 세세한 것에 초연해야 한다. 세상 돌아가는 것을 너무 자세히 알려 하지 말고 큰 줄기만 보는 거다. 스님들이 동안거나 하안거에 들어가 세상과 담 쌓고 살다가 1년에 한두 번 세상과 접하면서 세상 보는 눈을 얻게 되는 것도 같은 이치가 아닌가 싶다. 우리 사회는 젊은이들의 기민함과 멀리 볼 줄 아는 노인들의 혜안이 동시에 필요하다.

AD 변환 Analog-Digital conversion

아날로그 신호를 디지털 신호로 변환하는 것을 말한다. AD 변환기는 온도, 압력, 음성, 영상, 전압 등 연속적으로 측정되는 아날로그 신호를 컴퓨터에 입력할 수 있도록 해준다. 반대로 DA 변환 Digital-Analog conversion 은 컴퓨터가 발생시킨 디지털 신호를 아날로그 신호로 변환하는 것을 말하며, 컴퓨터를 이용해 기계장치를 제어할 때 사용된다.

2부

수와 식으로 그린 자연

1
오일러수 e
안다는 것

예전에는 대학에 입학하려면 예비고사와 각 대학별로 본고사를 봐야 했다. 공대 입학시험인 본고사를 마치고 나오는데 옆자리에서 함께 시험을 본 친구가 한숨을 길게 내쉬면서 내게 말을 걸어왔다.

"아까 수학 시험문제에 'e'라는 게 자주 나오던데 그게 도대체 뭐냐?"

웃음도 나오고 한심하다는 생각도 들었다. 어떻게 π 다음으로 유명한 e를 모르고 공대를 지원했단 말인가. 알고 보니 그 친구는 고등학교 때 인문계였는데 이공계로 교차지원을 했다고 한다. 어찌 됐든 그 질문 덕에 나는 '도대체 안다는 것이 무엇인가'에 대해 진지하게 생각할 기회를 갖게 됐다. 내가 알고 있는 e란 무엇인가, e를 모르는 그 친구에 비해 내가 특별히 더 알고 있는 것은 무엇인가 곰곰이 생각해봤다.

우선 e는 2.71828··· 이라는 값을 갖는 하나의 무리수라는 것, 스위스 수학자인 오일러의 이름을 따서 오일러수라고도 한다는 것, $y=e^x$이라는 함수는 단순 증가함수라는 것, e^x은 미분을 하든 적분을 하든 그대로 e^x이라는 것, 자연로그의 밑으로 사용되기 때문에 자연상수라고도 한다는 것 등 나 역시 손으로 꼽을 수 있을 정도의 몇 가지 성질만을 알고 있을 뿐이다.

그런데도 나는 'e를 안다'고 하고 있다. 도대체 아는 것과 모르는 것의 차이는 무엇인가? 논어에서 '지知는 지불지知不知'라고 하였으니, 아는 것이란 무엇을 모르는가를 깨닫는 것이라고 했던가.

그렇다. 진정으로 안다는 것은 '어디까지 알고, 어디서부터 모르는지를 아는 것'이다.

강의시간에 오차함수error function니 베셀함수Bessel function니 잘 모르는 함

101

수가 새로 등장하면 학생들은 그것을 바로 받아들이지 못한다. 그렇지 않아도 공부할 게 많은데 골치 아프게 왜 자꾸 새로운 함수가 나오는지 불만스럽기만 하다.

나는 학생들에게 삼각함수를 알고 있느냐고 질문한다. 모두들 안다고 고개를 끄덕인다. 그럼 나는 $\sin(38°)$는 얼마인지 아느냐고 묻는다. 아무도 대답하지 못한다. 그럼에도 학생들은 $\sin(38°)$가 얼마인지는 몰라도 사인함수는 알고 있다고 열을 올린다.

우리는 사인함수가 주기함수라는 사실, $\sin x$를 미분하면 $\cos x$가 된다는 사실 등 단순히 몇 가지 성질을 알고 있을 뿐이다. 그런데 우리는 무엇보다 매우 중요한 것을 알고 있다. 계산기를 두드리면 언제라도 그 값을 알 수 있다는 사실이다. 그러므로 우리는 사인함수를 '안다'고 말할 수 있다. 새로운 함수도 마찬가지리라. 적으면 두세 개, 많으면 열 개 정도의 성질을 알면 우리는 함수를 일단 아는 것으로 접수할 수 있다.

'알기' 위해서는 몇 가지 사실을 이해하고 접수하는 과정이 필요하다. 이 과정에서 모든 것이 완벽해야 안다고 할 수 있는 것은 아니다. 적어도 어떻게 하면 그것을 알 수 있는지, 누구에게 물어보면 알 수 있는지 등만 알아도 안다고 할 수 있다.

아는 것과 모르는 것

	아는 것	모르는 것
안다고 생각하는 것	진정으로 깨달은 것	피상적으로 아는 것
모른다고 생각하는 것	생각하기 싫은 것	정말로 모르는 것

하지만 '진정으로 안다'고 하려면 몇 가지 사실을 표피적으로 아는 것만으로는 부족하다. 아는 것으로 접수된 사실을 내적으로 소화하는 과정이 필요하다. 비록 똑같은 사실을 알고 있더라도 그것을 알고 있는 깊이는 서로 같지 않다. 진정으로 안다는 것은, 몇 개 되지 않더라도 알고 있는 사실 몇 개를 뼛속까지 깊이 깨닫고 있는 것이다. 이와 더불어 아는 것의 범위를 아는 것, 아는 것과 모르는 것의 경계를 아는 것, 아는 것을 어떻게 이용할지를 아는 것이 진정으로 아는 것이다.

공학을 공부함에 있어 이해하기 어려운 기상천외한 사실이나 듣도 보도 못한 전혀 새로운 이론이 나오는 일은 거의 없다. 오히려 단순해 보이는 몇 가지 과학적 사실들을 확실하게 이해하는 것이 중요하며, 이로부터 공학적인 응용력과 창의력이 생긴다.

요즘은 정보가 너무나 많다. 어떤 것은 알 수 있는 방법을 아는 것만으로도 족하고, 어떤 것은 확실하게 알아야 한다. 무언가에 대해 피상적으로만 알고 지나갈지, 확실하게 알고 갈지를 구분할 줄 알아야 한다.

2
허수 i
세상의 모든 수

무언가를 새로 배운다는 것은 쉬운 일이 아니다. 그러나 이 쉽지 않은 과정을 거치면서 모르던 사실을 하나씩 알게 되고, 그로부터 새로운 세계와 개념을 향해 앎의 지평을 넓혀나간다.

우리가 수數를 배워나가는 과정을 생각해보자. 수의 개념이 생기기 전에 우선 사물의 유무有無를 판단하는 것부터 시작한다. 어린아이 앞에서 사탕을 가지고 있는 손과 가지고 있지 않은 손을 번갈아 펴 보이면 '있다'는 것과 '없다'는 것에 대해 반응을 한다. 이러한 유무의 개념을 파악한 다음에는 한 개, 두 개… 세는 법을 배우면서 많고 적음을 알게 되고 자연수whole number의 개념을 파악한다. 이때 나이를 물어보면 고사리 같은 손가락 세 개를 억지로 펴 보일 줄 알게 된다.

시간이 흘러 아이는 점점 큰 수까지 셀 수 있게 되고, 꽤 큰 자연수도 알게 된다. 아이들은 항상 수를 크기로 비교한다. 동네에 있는 다른 아이들보다 더 큰 수를 알고 싶어 하고, 이 세상에서 가장 큰 수가 무엇이냐고 묻곤 한다.

초등학교에 들어가 자연수의 덧셈과 뺄셈을 배우고 나면 유리수rational number를 배운다. 유리수는 분수를 배우면서 알게 된다. 사과 한 개를 나눠 먹으면서 온전한 숫자가 아닌 $\frac{1}{3}$과 같은 부스러기 숫자가 있다는 것을 알게 된다. 곱셈과 나눗셈 개념이 등장하고 분자를 분모로 나눈 수가 분수라는 것을 배움으로써 자릿수와 소수점 이하의 개념을 익힌다.

이때쯤이면 가장 작은 수부터 가장 큰 수(자기가 알고 있는)까지 수직선 위에 있는 모든 수를 다 아는 것 같다. 하지만 분수로 나타낼 수 없는, 소수점 이하 자리가 끝나지 않고 계속 이어지는 숫자, 이성적이지 못한

세상의 모든 수를 배우는 과정

수	이해 정도	예	배우는 시기
유무	있다, 없다를 구분한다.	O, X	영아
자연수	개수를 셀 줄 안다.	1, 2, 3…	유아
분수	하나를 여럿으로 나눌 수 있다.	$\frac{1}{3}$	초등학생
음수	반대 방향으로도 수를 만들 수 있다는 것을 안다.	$-\frac{1}{3}$	초등학생
무리수	분수로 만들 수 없는 수가 있다는 것을 안다.	$\sqrt{2}$	중학생
허수	제곱해서 음수가 되는 수가 있다는 것을 안다.	i	고등학생

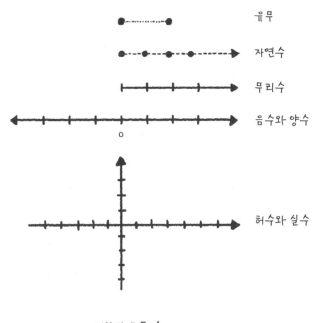

세상의 모든 수

무리수irrational number 가 있다는 것도 곧 알게 된다.

또한 양의 수뿐 아니라 음의 수가 있다는 것을 배우면서 수의 개념이 양방향으로 넓어진다. 이쯤 되면 일차원적인 수의 직선 위에 있는 모든 점에 해당하는, 음과 양의 무리수로 이루어진 실수real number 개념을 전부 이해한다. 이 정도만 이해하면 현대의 교양인으로서 세상을 살아가는 데에 전혀 불편함이 없다.

그러니 여기서 끝나면 좋으련만 고등학교에 들어가면 제곱해서 음수가 되는 상상도 잘 되지 않는 허수imaginary number라는 것을 배운다. 이때 처음 배우는 것이 i라고 하는 해괴한 수다. 그리고 실수 좌표축에 직각인 허수 좌표축이 있다는 것을 배우면서, 드디어 평면적으로 표현되는 복소

수complex number 공간에 대해서 모두 알게 된다.

i란 무엇인가. i란 제곱해서 -1이 되는 수다. 아무래도 직접 생각해내기는 어려우므로 우선 -1에 대해서 생각해보자.

수직선 위에 있는 어떤 실수 a에 -1을 곱한 $-a$는 수직선 위에서 원점을 중심으로 a 반대쪽에 위치하는 수다. a를 벡터로 생각하면 -1을 곱한 $-a$ 벡터는 원점을 중심으로 크기는 같고 반대 방향을 가리키는 (180도 회전한) 벡터라고 할 수 있다.

같은 방법으로 생각해보면 a라는 수에 -1을 한 번 곱한 것이나 i를 두 번 곱한 것이나 같다(왜냐하면 i를 두 번 곱하면 -1이 되기 때문에). 즉 2회 연속해서 회전한 결과가 180도 회전한 결과와 같아야 하므로 $-a$ 벡터에서 i란 '뒤로 돌아'의 절반인 '좌향좌' 또는 '우향우'를 의미하는 셈이다. 비록 간접적인 설명이긴 하지만 i의 정체가 어느 정도 머릿속에 그려지는가?

내가 배운 수학 중에서 가장 난해한 것은 바로 $e^{i\pi} = -1$이라는 오일러의 등식이다. 안 그래도 황당한 $2.71828182\cdots$란 값을 갖는 e라는 무리수에다가 제곱하면 -1이 되는 허수 i와 원주율 π라고 하는 $3.14159265\cdots$를 거듭제곱하면 -1이 된다니 정말 이해가 가지 않았다. 오일러는 "진정한 수학자란 $e^{i\pi} = -1$을 이해할 수 있어야 한다"고 말했다고 한다.

일본의 물리학자 나가누마 신이치로長沼伸一郎는《물리수학의 직관적 방법物理数学の直観的方法》에서 $e^{i\pi} = -1$의 이미지를 다음과 같이 소개한다. 너무 어려우면 넘어가도 되지만, 찬찬히 따라가보면 i의 정체를 그리는 데 도움이 될 것이다.

원점(북극)을 출발해 항해하는 배가 있다. 만일 북극을 기준으로 배의

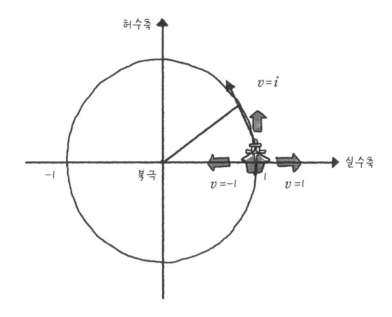

허수축

$v=i$

복극

실수축

$-i$

$v=-i$ $v=i$

항해하는 배가 보여주는 i의 정체

위치 s가 시간 t에 따라서 $s=e^{at}$으로 주어진다고 가정하면(a는 임의의 상수) 속도 v는 s를 시간으로 미분하여 ae^{at}으로 표시할 수 있다. 따라서 배의 속도 v는 자신의 위치 s에 비례한다($v=as$이므로).

비례상수 a가 양의 실수라면 s가 증가할 때 v도 증가한다. 즉 원점에서 멀어질수록 속도는 양의 방향으로 빨라지므로 배는 원점에서 점점 멀어진다. 반면 a가 음수라면 배는 반대 방향을 향하므로 다시 원점으로 다가온다. 어쨌든 이 배는 원점과 연결되는 일직선상을 따라서(원점을 향해 또는 원점에서 멀어지는 방향으로) 움직인다.

그런데 비례상수 a가 음이나 양의 수가 아니라 허수 i를 갖는다면 이 배는 어떻게 움직일까? 이때는 원점을 중심으로 멀어지거나 가까워지는 것이 아니라 배의 위치에 상관없이 원점을 향한 방향과 직각을 이루는 방향으로의 속도를 갖는다. 그림을 보면 허수가 비례상수가 됨으로써 배의 위치는 앞서 설명한 일직선(실수축)에서 벗어나 원점과 연결되는 선과 직각이 되는 방향으로 복소평면을 항해하게 된다. 비례상수가 i인 상태가 지속되면 결국 이 배는 원점을 중심으로 복소평면 위에서 원형 운동을 하게 된다.

만일 원점으로부터 거리가 1인 지점에서 출발했다면 반지름이 1인 원호를 따라 항해하게 되고, 180도를 항해한 후에는 -1이라는 지점에 도달한다(즉 $s = e^{it} = -1$). 이 배가 1 지점에서 출발하여 180도를 항해한 후 -1 지점에 도달할 때까지 속도의 크기는 일정하고 그 크기는 1이다 ($|v| = |ie^{it}| = 1$이므로). 속도의 크기가 1이고 이동한 거리가 원호의 길이 π이므로 이동시간 t는 π다. 그러므로 $e^{i\pi} = -1$임을 알 수 있다.

3
테일러급수
대충계산법

요즘은 초저금리시대다. 은행에 돈을 맡겨봤자 원금에서 조금 더 받는 정도다. 그럼에도 이자율은 항상 바뀐다. 이자율은 경제 상황에 따라 오르기도 하고 내리기도 한다. 이자율은 보통 연 이자율로 표시한다.

이자율이 얼마란 정보를 얻으면 1년 후에 원리금(원금＋이자)이 얼마가 될지 금방 계산할 수 있다. 복리일 경우 몇 년 후의 원리금 y는 거듭제곱을 통해 구할 수 있다. 그 식은 다음과 같다. 여기서 a는 이자율, n은 예금 햇수, y_0는 원금이다.

$$y = y_0(1+a)^n$$

그런데 가끔은 원리금이 늘어나 일정 액수가 되려면 몇 년이 필요할까, 특히 원금의 두 배가 되려면 몇 년이나 걸릴까 궁금해질 때가 있다. 이럴 때 계산기를 써서 거꾸로 계산하면 필요한 햇수를 쉽게 구할 수 있다. 예를 들어 이자율이 41퍼센트일 때 원리금이 두 배가 되려면 2년이 걸리고($1.41^2=2$), 26퍼센트일 때는 3년($1.26^3=2$), 7퍼센트일 때는 약 10년($1.07^{10}=2$)이 걸린다. 그런데 계산기 없이도 간단하게 계산할 수 있는 방법이 있다.

내가 애용하는 '대충계산법'에 따르면 이자율이 그리 높지 않을 때는 70을 이자율로 나누면 원리금이 두 배가 되는 데 필요한 햇수가 된다. 원리금이 1.5배가 되는 햇수를 알고 싶다면 40을 이자율로 나누면 된다. 이자율이 5퍼센트일 때 원리금이 1.5배가 되기 위해서는 $\frac{40}{5}=8$년, 두 배가 되기 위해서는 $\frac{70}{5}=14$년이 필요하다. 이자율이 높을 때는 잘 맞지 않지만 10퍼센트 이내의 이자율에서는 매우 정확하다. 이 방법은 이자율뿐 아니라 경제성장률이나 인구증가율에도 동일하게 적용할 수 있다.

이와 같은 대충계산법은 테일러급수Taylor series에 기초한다. 테일러급수는 미분 가능한 어떤 함수를 거듭제곱급수power series로 표현할 수 있다는 원리에서 비롯된다. 거듭제곱급수는 멱급수라고도 하는데, $y=\sum_{n=0}^{\infty}a_n x^n$ $=a_0+a_1x+a_2x^2+\cdots$와 같이 x의 거듭제곱 항들로 이루어진 무한급수다.

x일 때의 함수값을 $f(x)$라고 하자. x에서 조금(Δ) 떨어진 곳, 즉 $x+\Delta$일 때의 함수값 $f(x+\Delta)$는 $f(x)$에 1차 미분한 항과 고차 미분항들을 합산하여 구할 수 있다. 여기서 Δ가 작으면 2차 미분항 이하의 항들은 무시할 수 있고, 그러면 그야말로 초보적인 미분 정의와 비슷해진다.

식으로 나타내면 다음과 같다.

$$f(x+\Delta) \approx f(x) + f'(x)\Delta + f''(x)\frac{\Delta^2}{2} + \cdots$$

여기서 x가 0이고 Δ가 작다면 $f(\Delta) \approx f(0) + f'(0)\Delta$이므로 $\sin\Delta \approx \sin(0) + (\cos(0))\Delta$에서 $\sin\Delta \approx \Delta$가 된다. 비슷한 방법을 쓰면 $\ln(1+\Delta) \approx \Delta$, $\frac{1}{(1-\Delta)} \approx 1+\Delta$ 등으로 '대충' 표현할 수 있다. 즉 역수라든가 지수 또는 복잡한 로그함수나 사인함수 등도 계산기의 도움 없이 대략적인 계산이 가능하다. 이런 예는 무수히 많다. 도전적인 사람은 $(1.02)^4$, $\frac{1}{10.5}$, $\sin(0.1)$, $\tan(46°)$를 대충계산법으로 시도해보기 바란다. 계산과정은 이 장 뒷부분에서 소개한다.*

여기서는 앞의 복리계산 대충계산법이 어떻게 나왔는지 확인해보자. 우선 원리금이 원금의 두 배가 되기 위한 햇수 n을 구하려면 $(1+\Delta)^n = 2$와 같은 식을 쓸 수 있다. 여기서 Δ는 이자율이다. n을 구하기 위해 양변에 자연로그를 취하면 다음과 같이 정리할 수 있다.

$$n = \frac{\ln 2}{\ln(1+\Delta)} \approx \frac{0.7}{\Delta}$$

$\ln(2) \approx 0.7$이며, 테일러급수 원리에 따르면 $\ln(1+\Delta) \approx \Delta$다. 앞에서 설명한 것처럼 70을 퍼센트 이자율로 나누면 원리금이 두 배가 되는 햇수가 된다는 것을 알 수 있다. 마찬가지로 원리금이 1.5배가 되기 위한 햇수는, $\ln(1.5) \approx 0.4$이므로 40을 퍼센트 이자율로 나누면 구할 수 있다.

대충계산법의 응용

(1) (1.02)⁴ (풀이) $f(x)=x^4$으로 두면 도함수 $f'(x)=4x^3$이다.

그리고 1.02를 $x=1$, $\Delta=0.02$로 놓으면

$$f(1.02) \approx f(1)+f'(1)\cdot 0.02=(1)^4+4(1)^3\cdot 0.02=1.08$$

(2) $\dfrac{1}{10.5}$ (풀이) $f(x)=\dfrac{1}{x}$ 로 두면 도함수 $f'(x)=-\dfrac{1}{x^2}$ 이다.

그리고 10.5는 $x=10$, $\Delta=0.5$이므로

$$f(10.5) \approx f(10)+f'(10)\cdot 0.5=\frac{1}{10}+(-\frac{1}{10^2})\cdot 0.5=0.095$$

(3) sin(0.1) (풀이) $f(x)=\sin x$로 두면 도함수 $f'(x)=\cos x$ 다.

그리고 0.1은 $x=0$, $\Delta=0.1$이므로

$$f(0.1) \approx f(0)+f'(0)\cdot 0.1=\sin 0+\cos 0\cdot 0.1=0.1$$

(4) tan(46°) (풀이) $f(x)=\tan x$로 두면 도함수 $f'(x)=\sec^2 x$ 다.

그리고 46°는 $x=45(\dfrac{\pi}{180})$, $\Delta=1(\dfrac{\pi}{180})=0.0175\mathrm{rad}$이므로

$$f(46) \approx f(45)+f'(45)\cdot 1(\frac{\pi}{180})=1+2\cdot(0.0175)=1.035$$

(5) ln(1+Δ) (풀이) $f(x)=\ln x$로 두면 도함수 $f'(x)=\dfrac{1}{x}$ 이다.

그리고 $1+\Delta$은 $x=1$, $\Delta=\Delta$이므로

$$f(1+\Delta) \approx f(1)+f'(1)\cdot\Delta=0+1\cdot\Delta=\Delta$$

4
여러 가지 평균
모두 모두 공평하게

옛날 한 고을에 원님이 살고 있었다. 그는 고을 사람들이 무엇이든 똑같이 나눠가지고 살면 좋겠다고 생각했다. 그 고을에는 식구 수가 비슷한 두 집이 있었는데, 한 집은 한 달에 두 말의 쌀로 연명하느라 항상 먹을 것이 부족했고, 다른 집은 한 달에 네 말의 쌀을 가지고 떡도 해먹어가며 풍족하게 살고 있었다. 원님은 이를 못마땅하게 여겨 평균을 낸 후 한 달에 세 말씩 배급하도록 했다. 두 집에 쌀을 공평하게 나눠주고 나서 원님은 매우 기뻐했다.

이 일을 전해 들은 이웃 고을의 원님도 비슷한 생각을 했다. 조사를 해보니 어느 집에는 두 달에 한 가마니, 또 다른 집에는 네 달에 한 가마니의 쌀을 배급하고 있었다. 이 원님은 평균을 내서 두 집에 똑같이 세

달에 한 가마니씩을 배급하도록 했다. 그런데 1년이 지나서 곳간을 살펴보니 쌀 한 가마니가 남아 있었다. 원님은 왜 한 가마니가 남게 되었는지 이해할 수가 없었다. 두 달과 네 달의 평균은 세 달이 아닌가?

결론부터 말하자면 어떤 평균이냐에 따라 다르다. 평균을 내는 방법에는 산술평균, 조화평균, 기하평균 등 여러 가지가 있는데 서로 결과값이 다르다. 산술평균과 조화평균의 차이를 이해하면 왜 쌀 한 가마니가 남았는지 쉽게 이해할 수 있다.

우리가 가장 흔히 사용하는 산술평균은 평균 내려는 값들의 합을 그 수대로 나눠서 구하는데, 이 방법에 따르면 2와 4의 평균은 3이다. 따라서 양쪽 집 모두에 두 말과 네 말의 평균인 세 말씩을 나눠주면 남거나 모자라지 않는다.

조화평균은 평균 내려는 값들의 역수를 모두 더해 산술평균을 구한 후 그 값의 역수를 취해 구한다. 즉 2와 4의 조화평균은 3이 아니고 2.6667이다. 따라서 이웃 고을에서 두 달에 한가마니씩 주는 것과 네 달에 한 가마니씩 주는 것의 평균을 내면 세 달이 아니라 2.6667달에 한 가마니씩 양쪽 집에 배급해야 맞아 떨어진다.

평균에는 산술평균과 조화평균 말고도 기하평균, 대수평균 등 여러 가지 평균이 있고, 다양한 용도에 따라 이용된다. 기하평균이란 곱의 제곱근값으로 정의된다. 두 변의 길이가 서로 다른 직사각형 땅의 면적은 두 변의 기하평균값을 한 변으로 하는 정사각형의 땅 면적과 동일하다. 예를 들어 1과 4의 기하평균은 2이고, 1과 100의 기하평균은 10이다.

대수평균 또는 로그평균은 열교환기에서 나오는 개념으로, 두 값의 차이를 로그값의 차이로 나눈 것이다. 열교환기heat exchanger란 두 유체가 서로 나란하게 또는 역방향으로 흐르면서 열교환을 하는 장치인데, 두 유체의 온도 차이에 비례해 총 열전달량이 결정된다. 위치에 따라 온도 차가 다르기 때문에 평균 온도차를 구해야 한다. 입구와 출구에서 유체의 온도차가 다르다면 이 두 온도차의 대수평균을 구해 평균값으로 이용한다. 이것을 열전달에서는 대수평균 온도차Log Mean Temperature Difference, LMTD라고 한다. 총 열전달량은 열교환기 양단 온도차의 대수평균값에 비례한다.

다음 표는 몇 가지 예를 들어 여러 가지 평균값들의 차이를 보여준다. 대수평균은 산술평균보다는 작으나 조화평균이나 기하평균보다는 큰 값을 갖는다. 여러 가지 평균 중에서 용도에 맞는 것을 선택해 사용한다.

여러 가지 평균값 비교

	산술평균 $\left(\frac{x_1+x_2}{2}\right)$	조화평균 $\left(\frac{2}{\frac{1}{x}+\frac{1}{x}}\right)$	기하평균 $(\sqrt{x_1 x_2})$	대수평균 $\left(\frac{x_1-x_2}{\ln x_1 - \ln x_2}\right)$
$x_1=10$, $x_2=20$	15	13.33	14.14	14.43
$x_1=\frac{1}{2}$, $x_2=\frac{1}{4}$	0.375	0.333	0.354	0.361
$x_1=100$, $x_2=1$	50.5	1.98	10	21.5
$x_1=2.718$, $x_2=1$	1.859	1.462	1.649	1.718
$x_1=10$, $x_2=0$	5	0	0	0

5
해석함수 토막
작은 곡선 속 세상

요즘은 설계도면을 작성할 때 컴퓨터를 이용하지만, 예전에는 흰색 제도지 위에 컴퍼스나 삼각자 등을 이용해 직접 손으로 그렸다. 선의 굵기를 조절하기 위해 연필심이나 볼펜을 사용하지 않고, 주로 오구烏口라는 까마귀 입 같이 생긴 펜에 까만 잉크를 묻혀서 그렸다.

제도를 할 때는 거의 도를 닦는 기분으로 정좌하고 앉아 집중해야만 했다. 주위가 산만한 상태에서는 깨끗한 도면을 완성하는 것이 거의 불가능했기 때문이다. 조금만 방심하면 오구의 잉크가 흘러내리기도 하고, 자와 종이 틈새에 모세관현상 때문에 묻어 있던 약간의 잉크가 자를 움직이는 순간 찌익 번지기도 하고, 종이를 만지는 순간 손바닥에 묻어 있던 땀자국이 묻어나기도 했다.

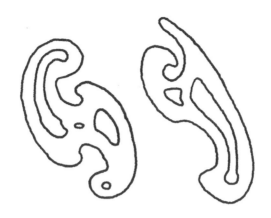

다양한 곡선을 그리기 위한 운형자

아무리 조심을 해도 밤새도록 그려놓은 제도 숙제를 한순간에 망치는 일이 많았다. 지금처럼 화이트나 수정테이프 같은 것들도 거의 없었다. 아주 조금 잘못된 것은 칼 같은 걸로 긁어내서 어떻게든 수정해보려고 했다.

직선이나 단순한 원을 그릴 때는 그리 크게 어려울 것이 없었지만, 일반적인 자유곡선을 그리려면 여러 가지 곡선 모양의 운형자를 사용해야 했다. 운형자로 곡률이 비슷한 부분을 찾아서 조금씩 대고 그리기 때문에 곡선이 연결되는 곳에서 부드럽게 연결시키는 것이 아주 중요했다.

일단 연결되는 부분에서 서로 어긋나지 않도록 만나야 하고,

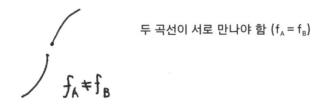

두 곡선이 서로 만나야 함 ($f_A = f_B$)

$$f_A \neq f_B$$

기울기가 매끈하게 이어져야 하며,

두 곡선의 기울기가 서로 일치해야 함 ($f'_A = f'_B$)

곡률의 변화가 자연스러워야 한다.

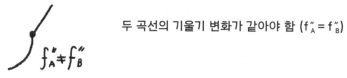

두 곡선의 기울기 변화가 같아야 함 ($f''_A = f''_B$)

잘 연결된 것 같아도 눈을 지그시 감고 보면 어딘지 어색한 구석이 있어 보이는 때가 있었다. 그래서 곡선의 연결 부분에 자신이 없는 사람은 자유자재로 구부릴 수 있는 자유곡선자, 뱀자snake ruler라고 부르는 것을 사용하기도 했다.

곡선이 어색한 구석 없이 완벽하게 부드럽고 자연스러워 보이려면 곡선상에서 0차, 1차, 2차 도함수는 물론 그 이상의 다차 도함수값이 모두 연속적으로 변화해야 한다. 아무리 작은 곡선 토막 속이라도 모든 차수의 도함수가 연속적으로 이어지고 있다.

어느 특정한 범위에서 거듭제곱급수로 표현되는 미분 가능한 함수를 해석함수analytic function라고 한다. 우리가 알고 있는 함수는 대부분 미분이 가능하고 연속적인 해석함수다. 반대로 생각하면 해석함수의 아주 작은 일부라도 그 안에는 도함수에 관한 모든 정보가 들어 있기 때문에 이론적으로는 이 작은 조각을 연장해 이어나가면서 전체 곡선의 형태를 만들

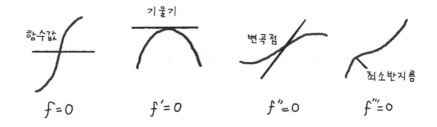

함수값 기울기 변곡점 최소반지름

$f = 0$ $f' = 0$ $f'' = 0$ $f''' = 0$

다차 도함수와 그 의미

어낼 수 있다.

우리나라는 어디를 가든 산이 보인다. 하늘과 맞닿아 있는 산등성이의 곡선은 여러 가지 모양을 갖는다. 어떤 것은 부분적으로 사인함수 같기도 하고, 어떤 것은 로그함수 같기도 하다. 곡선의 일부는 서로 비슷해 보일지라도 곡선 조각 안에는 태생적으로 자기 자신만의 특유한 도함수 정보를 지니고 있다.

마치 작은 세포 안에 들어 있는 유전자 정보를 이용해 인체를 구성하는 모든 정보를 얻고 그로부터 장기와 인체 부속을 만들어낼 수 있는 것과 마찬가지로, 원리적으로는 해석함수의 짧은 토막 한 조각만 있으면 전체적인 해석함수의 모습을 완벽하게 만들어낼 수 있다. 생각해보면 이 세상에 존재하는 티끌 하나에도 우주의 모든 정보가 들어 있는 것 같다. 온 우주가 그 안에 있다.

6
그래디언트
깜깜한 밤에 산꼭대기 찾아가기

이공계 출신으로 미분을 모르는 사람은 없을 것이다. 하지만 미분값이 벡터량이 될 수 있음을 이해하는 사람은 그리 많지 않은 것 같다. 학교에서 배웠겠지만 미분이란 변수값이 조금 바뀔 때 함수값이 얼마나 바뀌는가 하는 변화율을 의미한다.

변수가 한 개일 때는 변화율도 그 변수에 대한 것 한 개만 존재한다. 하지만 변수가 두 개 이상이면 각각의 변수에 따른 변화율이 개별적으로 존재한다. 각각의 변수는 서로 독립적이므로 벡터의 성분으로 이해할 수 있다. 따라서 두 개 이상의 변수를 갖는 함수의 미분값이란 각각의 변수에 따른 미분값들을 각 변수 방향의 성분으로 하는 벡터를 의미하며, 이것을 그래디언트gradient 벡터라고 한다.

예를 들어 구의 체적은 구의 지름만 알면 구할 수 있다. 구의 체적 V 는 지름이라는 하나의 변수 D에만 의존한다. 그러면 구의 체적에 대한 미분값은 당연히 지름으로 미분한 것, $\frac{dV}{dD}$ 를 의미한다. 변수가 하나밖에 없기 때문이다. 이 미분값은 구의 지름이 얼마얼마 늘어날 때 체적은 또 얼마얼마 늘어나는지 보여준다.

이번에는 원통의 체적을 생각해보자. 원통의 체적은 원통의 지름뿐 아니라 원통의 길이에도 의존한다. 원통의 체적은 지름과 길이의 함수다. 따라서 $V = f(D, L)$이라고 쓸 수 있고, 원통의 체적에 대한 미분값은 두 가지가 존재한다. 지름이 변화했을 때 체적의 변화율과 길이가 변화했을 때 체적의 변화율이다.

이를 벡터적으로 설명하면 원통의 체적 V(스칼라량)는 지름이라는 변수를 첫 번째 성분으로 하고, 길이라는 변수를 두 번째 성분으로 하는 벡터의 함수다. $V=f(\vec{x})$에서 변수 $\vec{x}$는 D와 L의 성분을 가진 벡터로서 $\vec{x}=(D, L)$로 표현된다. 여기서 D와 L은 서로 의존하지 않고 제멋대로 정해질 수 있으므로 서로 독립적이다.

마찬가지로 원통의 체적을 미분한 값도 벡터이며, 첫 번째 성분은 체적을 지름으로 미분한 값($\frac{\partial V}{\partial D}$)으로 하고, 두 번째 성분은 체적을 길이로 미분한 값($\frac{\partial V}{\partial L}$)으로 하는 벡터다. 즉 체적의 미분값은 서로 독립적인 두 개의 성분으로 이루어진 벡터이므로 그래디언트 V라고 하고, $\nabla V = i\frac{\partial V}{\partial D} + j\frac{\partial V}{\partial L}$ 와 같이 성분으로 표시한다.

여기서는 편미분이므로 미분 기호로 d(디) 대신 ∂(라운드 디)를 쓴다. 또 i와 j는 D 변수와 L 변수 방향으로의 단위 벡터다. 여기서 방향이라고 하는 것은 3차원 공간 속의 실제 방향이 아니라 변수라고 하는 가

123

상의 방향을 의미한다.

내 성적이 '공부한 시간', '투자한 돈', '집중도' 세 가지에 의해 결정된다고 가정해보자. 그러면 내 성적은 '노력'이라고 하는 입력 변수의 함수인데, 여기서 노력이라는 변수는 시간, 돈, 집중도라는 성분으로 이루어진 3차원 벡터다. 성적이라고 하는 스칼라량은 노력이라고 하는 벡터의 함수, 즉 '성적=$f(\overrightarrow{노력})$'이고, '$\overrightarrow{노력}=\hat{i}$시간$+\hat{j}$돈$+\hat{k}$집중도'로 표현할 수 있다.

여기서 시간과 돈과 집중도는 서로 독립적인 스칼라값이라 서로 더할 수 없기 때문에 각 성분 앞에 단위 벡터인 $\hat{i}, \hat{j}, \hat{k}$를 붙여서 구분한다. 이 경우 성적의 미분값은 하나가 아니며, 세 개의 벡터 형태로 표시한다. 따라서 그래디언트 성적은 다음과 같이 표현할 수 있다.

$$\nabla 성적 = \hat{i}\frac{\partial 성적}{\partial 시간} + \hat{j}\frac{\partial 성적}{\partial 돈} + \hat{k}\frac{\partial 성적}{\partial 집중도}$$

여기서 각 성분은 각각의 노력, 다시 말해 한 시간 더 투자했을 때 오르는 성적, 돈을 1만 원 더 투자했을 때 오르는 성적, 집중도를 높였을 때 오르는 성적의 변화율이다. 바라건대 벡터라 하면 무조건 허공을 바라보며 무슨 화살표 같은 걸 찾으려고 하지 않았으면 한다.

그런데 ∇란 기호를 보고 이게 뭐지 하고 궁금한 분들도 있을 것이다. ∇는 델^{del}이라고 하는데, 그 자체로는 아무 의미가 없고 어떤 값을 갖는 것도 아니다. 델이란 뒤에 따라오는 함수에 작용시켰을 때 비로소 의미를 갖는다. 이러한 것을 연산자^{operator}라고 한다. 연산자는 뒤에 무언가가 따라나와야 거기에 어떤 작용을 해서 원하는 연산을 하게 해준다. 델은 미분작용을 하고 벡터를 만들어내기 때문에 벡터미분연산자vector differential operator라고 한다. 델은 일반적으로 다음과 같이 표현한다.

$$\nabla = \hat{i}\frac{\partial}{\partial x} + \hat{j}\frac{\partial}{\partial y} + \hat{k}\frac{\partial}{\partial z}$$

델이 연산자라고 했으니 뒤에 무언가 따라나와야 하는데, 세 가지 경우가 있다. 첫째 델 뒤에 스칼라함수가 나오는 경우, 둘째 델 뒤에 벡터함수가 나오는데 델과 벡터함수가 내적을 취하는 경우, 셋째 델과 벡터함수가 외적을 취하는 경우다.

델 뒤에 스칼라함수가 따라나오는 첫 번째 경우가 앞서 설명한 그래디언트고, 물리현상의 변화율(또는 기울기)을 표현한다. 델 뒤에 벡터가 따라오는 둘째와 셋째 경우에 대해서는 뒤에서 다시 소개한다.˙

이제 산비탈에서의 기울기를 생각해보자. 산의 높이를 함수 $f(x, y)$로 하고 동쪽(x 방향)과 북쪽(y 방향)으로의 좌표를 독립변수로 한다. 그렇다면 산의 기울기는 높이함수 f의 변화율에 해당하며, 이것은 어느 방향

변수의 개수에 따른 함수, 미분, 미분값 표현식

	변수가 한 개일 때	변수가 두 개 이상일 때
함수	$f=f(x)$	$f=f(x, y, z)$
미분작용자	$\frac{d}{dx}$	∇
미분	$f'=\frac{df}{dx}$	$\operatorname{grad} f=\nabla f$
미분값	$\frac{df}{dx}=$스칼라량	$(\frac{\partial f}{\partial x}, \frac{\partial f}{\partial y}, \frac{\partial f}{\partial z})=$벡터량

으로의 기울기인가가 결정되어야 알 수 있는 양이다.

이 경우 동쪽으로 갈 때의 기울기와 북쪽으로 갈 때의 기울기는 서로 다르며 서로 무관하므로 서로 독립적이다. 아무리 가파른 산비탈이라 할지라도 옆쪽으로 가면 가파르지 않은 방향이 있다. 즉 기울기는 방향에 따라 다르며 미분하고자 하는 방향이 주어져야 알 수 있는 양이다. 따라서 산의 기울기란 서로 독립적인 두 방향(x 방향과 y 방향)으로의 기울기를 성분으로 갖는 벡터량이다. 이 두 성분으로 이루어진 벡터가 바로 그래디언트 벡터다.

여기서 그래디언트는 등고선과 직각 방향인 가장 기울기가 급한 방향을 가리키고, 그 기울기를 크기로 갖는 벡터다. 그래디언트 방향과 등고선이 서로 직교한다는 것은 어렵지 않게 증명할 수 있다. 벡터의 크기는 벡터의 각 성분을 제곱해서 모두 더한 값의 제곱근이고, 각 성분의 비율로부터 방향을 알 수 있다. 따라서 연속적으로 변화하는 산등성이에서 동쪽 방향과 북쪽 방향의 기울기를 성분으로 하는 벡터의 크기를 구하면, 그것은 가장 기울기가 급한 방향의 기울기와 일치한다.

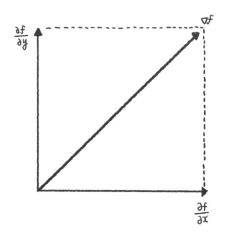

아무것도 보이지 않는 깜깜한 밤에 산꼭대기를 찾아가야 한다고 생각해보자. 어떻게 해야 할까? 산꼭대기가 보이지 않기 때문에 발과 지팡이의 감각만을 이용해야 한다. 우선 서 있는 자리에서 한 바퀴 돌면서 지팡이나 발바닥의 감각을 이

용해 가장 기울기가 급한 방향, 바꿔 말해 그래디언트 방향을 찾아낸 후 그 방향으로 일단 한 걸음을 옮긴다. 그런 다음 다시 그곳에서 제자리를 돌며 가장 기울기가 급한 방향을 찾아내고 그 방향으로 또 한 걸음 옮긴다. 이 과정을 반복함으로써 가장 빠른 길로 산꼭대기를 찾아갈 수 있다. 물론 산비탈의 모양은 산길을 따라가는 동안 푹 패인 곳이나 위험한 곳이 없도록 표면이 연속적이고 미분 가능해야 한다. 이러한 방법을 최급상승법 또는 최급강하법*이라고 한다. 두 개 이상의 변수를 갖는 함수의 최대값 또는 최소값을 수치해석적인 방법*으로 찾을 때 종종 이용한다.

산에서 물이 흘러내리는 것도 마찬가지다. 계곡물은 등고선을 직각으로 가로지르는 그래디언트 방향을 용케 찾아서 그 방향으로 흘러내린다. 상선약수上善若水. 물은 가장 낮은 곳을 향하여 가장 빠른 방법으로 흘러내린다.

델 연산자

첫째 델을 스칼라함수 f에 취한 ∇f는 그래디언트 f라 읽고 $\nabla f = \hat{i}\dfrac{\partial f}{\partial x_1} + \hat{j}\dfrac{\partial f}{\partial x_2} + \hat{k}\dfrac{\partial f}{\partial x_3}$의 성분을 갖는 벡터량이다. 바로 이 장에서 소개한 연산이다.

둘째 델이 $\vec{f} = f_1\hat{i} + f_2\hat{j} + f_3\hat{k}$와 내적을 취하면 $\nabla \cdot \vec{f}$라 쓰고 다이버전스 $\vec{f}$라 읽는다. 다이버전스 $\vec{f}$는 스칼라량으로서 $\nabla \cdot \vec{f} = \dfrac{\partial f_1}{\partial x_1} + \dfrac{\partial f_2}{\partial x_2} + \dfrac{\partial f_3}{\partial x_3}$와 같은 값을 갖는다.

마지막으로 델 뒤의 벡터함수와 외적을 취하면 $\nabla \times \vec{f}$가 되고 컬 $\vec{f}$라 읽는다. 컬 $\vec{f}$는 벡터량으로서 $\nabla \times \vec{f} = \left(\dfrac{\partial f_3}{\partial x_2} - \dfrac{\partial f_2}{\partial x_3}\right)\hat{i} + \left(\dfrac{\partial f_1}{\partial x_3} - \dfrac{\partial f_3}{\partial x_1}\right)\hat{j} + \left(\dfrac{\partial f_2}{\partial x_1} - \dfrac{\partial f_1}{\partial x_2}\right)\hat{k}$의 성분으로 표시된다.

최급상승법 steepest ascent method과 최급강하법 steepest descent method

두 개 이상의 변수를 갖는 함수의 최대값이나 최소값을 찾기 위해 그래디언트 방향을 따라 한 스텝씩 전진하며 접근해가는 수치해석 알고리즘이다. $f = f(x)$와 같이 하나의 변수 x에 대한 함수의 최대값을 찾기 위해서는 x의 값을 변화시키면서 제일 큰 f값을 찾아내면 된다. 그러나 $f = f(x, y)$같이 두 개 이상의 변수에 대한 최대값을 구하는 것은 그리 간단하지 않다. y를 고정시킨 채 x를 변화시키면서 f의 최대값을 구했다 하더라도 x를 고정시키고 y를 변화시키면 또 다른 최대값이 나오기 때문이다. 이렇게 하나의 변수를 고정시키고 다른 변수를 변화시키는 것은 최대값을 구하는 데 그리 효율적이지 못하다.

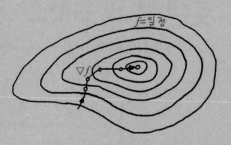

최급상승법에 의한 최대값 찾기 알고리즘

수치해석

수학적으로 방정식을 푼다는 것은 함수를 써서 완전해를 구하는 것인데, 이는 아주 쉬운 문제거나 특수한 경우에만 가능하다. 현실 속의 실제 문제는 수학적인 완전해를 구하기 어려운 것이 대부분이므로 이를 대신할 쓸모 있는 수치를 이용해 근사적으로 방정식의 답을 구하는 것을 수치해석이라고 한다. 일반적으로 컴퓨터를 이용해 구한다.

7
포텐셜과 플럭스
산행 애니메이션

　'보존력'이란 물체의 위치에너지 변화가 물체의 이동경로와 무관한 힘이다. 보존력은 역학적 에너지가 마찰 등에 의한 손실 없이 보존되도록 한다. 보존력이 영향을 미치는 공간을 '보존장'이라고 하는데, 대표적인 보존장으로 마찰 손실이 없는 중력장을 생각할 수 있다. 물체를 이동시킬 때 소비되는 일은 물체에 가해진 힘과 이동거리를 곱해서 구할 수 있다. 보존장에서는 한 점에서 출발해 다시 제자리로 돌아올 때까지 한 일이 이 폐곡선상에서 움직인 방향으로 서로 상쇄되어 알짜net 일이 없다.

　보존장에서는 한 점에서 출발해 다시 그 점으로 돌아오면 소모된 에너지도 없고, 한 일도 없고, 그 물체가 가지고 있는 위치에너지에도 변화가 없다. 위치에너지는 그 물체가 움직인 경로와 무관하게 각 지점에서 유일한 고유값을 갖는다. 이 값을 포텐셜potential이라고 한다.

중력장에서의 포텐셜은 고도에 해당하며, 등포텐셜 라인iso-potential line
은 등고선을 의미한다. 포텐셜은 어떠한 변화나 흐름flux을 유발시키는 구
동력driving force의 역할을 한다. 여기서 플럭스란 포텐셜의 기울기 때문에
발생하는 어떤 변화를 가리킨다. 앞 장에서 설명했던 산에서 등포텐셜
라인이 등고선이라면, 플럭스는 산의 기울기를 따라 굴러 내려가는 돌멩
이의 속도나 물의 흐름 같은 것으로 이해하면 된다.

뒤에서 다시 한 번 설명하겠지만, 플럭스는 항상 포텐셜을 직각 방향
으로 가로지르며 그래디언트에 비례해서 일어난다. 플럭스는 벡터량으
로, 그 방향은 포텐셜의 그래디언트 방향이고 그 크기는 그래디언트에
비례하므로 다음과 같이 표현할 수 있다. 여기서 $\vec{v}$ 는 플럭스 벡터, ϕ는
포텐셜이다.

$$\vec{v} = \nabla \phi$$

포텐셜과 플럭스는 항상 하나의 짝으로 존재하며 동전의 앞뒷면과 같
은 관계다. 우리가 알고 있는 보존장의 예는 많다. 전압은 전기장에서 전
류라는 플럭스를 일으키는 전기적인 포텐셜을 의미하며, 온도는 온도장
에서 열류(열흐름)라는 플럭스를 일으키는 열적인 포텐셜을 의미한다.
전기장과 온도장뿐 아니라 자기장, 농도장, 중력장 등도 각기 서로 다른
물리적 배경을 가지고 있지만 모두 동일하게 보존장 개념으로 설명할 수
있다.

자석의 N극과 S극이 서로 떨어져 있을 때 쇳가루가 분포하는 그림을

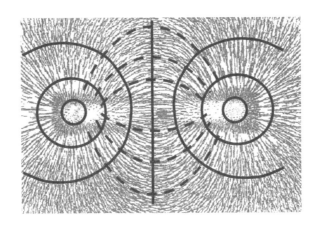

N극과 S극이 존재할 때의 자장과 자기력선

본 적이 있을 것이다. 그림에서 실선으로 표시된 것이 자기 포텐셜이 일정한 등자위선이고, 점선으로 표시된 것이 자장이 흐르는 자류선(또는 자기력선)이다. 여기서 N극 대신 양극, S극 대신 음극을 대치하면 이와 완벽하게 같은 모양을 갖는 전기장 분포가 주어진다. 이때 그림의 실선은 전압이 일정한 등전위선이 되며, 점선은 전류가 흐르는 전류선(또는 전기력선)이 될 것이다.

이와 마찬가지로 N극과 S극 대신 뜨거운 물체와 차가운 물체로 생각하면 실선은 등온선, 점선은 열이 흐르는 열류선이 된다. 또 N극을 산봉우리, S극을 분지로 생각하면 실선은 등고선, 점선은 돌멩이나 물이 흘러가는 방향이 될 것이다. 물론 물이나 돌멩이의 경우에는 움직이는 방향으로 관성력이 없다고 가정한 경우다.

서로 직교하며 격자망을 형성하는 포텐셜과 플럭스를 이해할 때 평면보다는 3차원 입체 형상으로 이해하는 쪽이 편하다. 포텐셜이 높은 쪽은

포텐셜과 플럭스의 예

	포텐셜	플럭스	적용법칙	관계식
전기장	전위(V)	전속밀도(D)	유전율	$D=-\varepsilon\nabla V$
자기장	자위(U)	자속밀도(B)	투자율	$B=-\mu\nabla U$
중력장	고도(z)	돌멩이 구름(V)	만유인력	$V=-c\nabla z$
열전도	온도(T)	열유속(q)	푸리에의 법칙	$q=-k\nabla T$
물질 확산	농도(C)	질량유속($\dot{m}$)	픽[Fick]의 법칙	$\dot{m}=-D\nabla C$
비점성 유동	속도 포텐셜(ϕ)	유속(υ)	포텐셜 유동	$\upsilon=\nabla\phi$
다공성 매질 내 흐름	압력(P)	유량(q)	다시[Darcy]의 법칙	$q=-a\nabla P$

위로 솟아 있고 낮은 쪽은 아래로 들어가 있는 입체를 머릿속에 그린다. 이때 플럭스는 포텐셜을 수직으로 끊으면서 흘러가는 것으로 이해하면 된다.

종종 우리는 지도를 보면서 어디로 갈지 생각하곤 한다. 지도는 2차원적인 정보도 담고 있지만 등고선이라는 3차원 정보도 함께 그려져 있다. 등고선은 해안선처럼 물이 차오르면 동시에 물이 닿는 선이다. 지도에서 2차원적인 정보를 보면 평면적인 경로가 그려지지만, 등고선(포텐셜 라인)을 보면 입체적인 산의 형상이 머릿속에 그려진다. 각자의 머릿속에 들어 있는 3차원 CAD 소프트웨어*를 작동시키면 보는 각도를 변화시키면서 깎아지른 듯한 산 능선의 형세와 굽이치는 계곡의 형태 등을 파악할 수 있다. 조금 더 집중하면 등산로를 따라갈 때 보이는 산의 경치도 감상할 수 있고, 아울러 계곡의 시냇물 소리와 새소리도 들을 수 있을

지 모르겠다.

머릿속 CAD 소프트웨어가 구버전이면 지도를 보면서 2차원적인 위치 파악 정도만 가능하다. 하지만 최신 소프트웨어로 부단히 업그레이드하면 평면적인 등고선을 보면서도 줌인, 줌아웃, 좌우회전, 패닝 등의 기능을 마음대로 활용하며 입체적인 산행 애니메이션을 즐길 수 있을 것이다.

CAD

컴퓨터 이용 설계Computer Aided Design의 약자로 기계부품과 같은 3차원 형상을 컴퓨터로 작도하고 설계하는 것을 말한다.

8
다이버전스와 컬
내보내고 회전하고

벡터미분연산자인 델▽을 이용한 연산에는 기본적으로 세 가지, 그래디언트, 다이버전스divergence, 컬curl이 있다. 앞에서 그래디언트에 대해서는 간단히 소개했다. 델은 그 자체만으로는 아무 역할을 하지 못하고 뒤에 무엇이 나올 때, 그러니까 어딘가에 작용시켰을 때 비로소 의미가 생기는 연산자라는 것도 함께 설명했다.

여기서는 델을 벡터함수에 적용시킬 때 내적을 취하는 다이버전스와 외적을 취하는 컬을 좀더 자세히 소개하고자 한다. 이 부분은 수학적인 표현이 많이 나오므로 벡터 미분학에 관심 없는 사람은 건너뛰어도 상관없다. 일단 도전한 사람은 부디 성공해서 벡터 미분학의 신세계를 열어가기 바란다.

설명을 단순화하기 위해 2차원으로 가정하고 벡터미분연산자인 델 $\nabla = \hat{i}\frac{\partial}{\partial x} + \hat{j}\frac{\partial}{\partial y}$ 와 뒤에 나오는 벡터 $\vec{v} = u\hat{i} + v\hat{j}$ 를 생각하기로 한다. 그러면 다이버전스 $\vec{v}$ 는

$$\nabla \cdot \vec{v} = \left(\hat{i}\frac{\partial}{\partial x} + \hat{j}\frac{\partial}{\partial y} \right) \cdot (u\hat{i} + v\hat{j}) = \frac{\partial u}{\partial x} + \frac{\partial v}{\partial y}$$

와 같다. 여기서 $\vec{v}$ 를 속도 벡터로 생각하면 편리하다. 즉 u 는 x 방향 속도성분이고 v 는 y 방향 속도성분이다. 복잡한 것 같지만 사실은 x, y, u, v 네 개 문자밖에 나오지 않는다.

여기서 미분하는 방법은 $\frac{\partial u}{\partial x}$, $\frac{\partial u}{\partial y}$, $\frac{\partial v}{\partial x}$, $\frac{\partial v}{\partial y}$ 네 개의 조합밖에 없다. 이 가운데 두 개는 속도를 그 속도 방향으로 미분하는 것이고, 나머지 두 개는 속도를 다른 방향으로 교차 미분하는 것이다. 따라서 이들 네 개 미분의 의미만 파악하면 된다.

우선 첫 번째 항인 $\frac{\partial u}{\partial x}$ 는 x 방향 속도인 u 를 x 로 미분한 것이다. 즉 x 에 대한 u 의 변화율이며, x 가 증가할 때 x 방향 속도인 u 가 증가하느냐 감소하느냐 하는 문제를 표현한다. 이 값이 플러스라면 x 방향으로 갈수록(오른쪽으로 갈수록) 속도 u 는 증가할 것이고, 마이너스면 감소할 것이다. 마찬가지로 두 번째 항인 $\frac{\partial v}{\partial y}$ 는 y 방향 속도인 v 의 y 에 대한 변화율이다. 이 값이 플러스면 y 로 갈수록(위로 갈수록) 속도 v 는 증가하고, 마이너스면 감소한다. 나머지 두 개의 미분, 즉 서로 교차 미분한 $\frac{\partial u}{\partial y}$ 와 $\frac{\partial v}{\partial x}$ 에 대해서는 컬에서 설명하기로 한다.

다이버전스 $\vec{v}$ 는 $\frac{\partial u}{\partial x}$ 와 $\frac{\partial v}{\partial y}$ 의 합이다. 이게 무슨 의미일까?

그림과 같이 가로 세로 dx, dy 크기의 검사체적을 생각해보자. 벡터

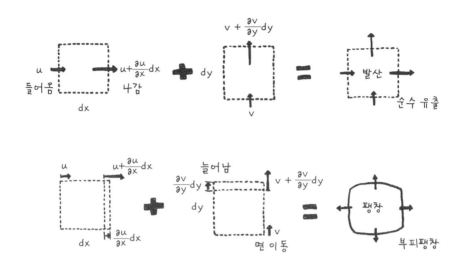

$\vec{v}$를 유체의 속도라고 하고, 유체가 검사체적의 왼쪽 면으로 들어와 오른쪽 면으로 나간다고 가정하자. 그러면 $\frac{\partial u}{\partial x}dx$란 유체상자의 오른쪽 면으로 빠져나가는 속도와 왼쪽 면으로 들어오는 속도의 차이를 의미한다. 여기에 dy를 곱하면 유체상자의 단면적에 대하여 상자에서 빠져나가는 유량과 들어오는 유량의 차이가 된다. 따라서 $\frac{\partial u}{\partial x}$는 단위 체적당 x 방향으로 순수하게 빠져나가는 유량(알짜 유출량)을 의미한다.

마찬가지로 $\frac{\partial v}{\partial y}$는 단위 체적당 y 방향으로 순수하게 빠져나가는 유량을 의미한다. 따라서 이 둘의 합 $\frac{\partial u}{\partial x} + \frac{\partial v}{\partial y}$는 단위 체적당 전체 상자에서 빠져나간 유량이 되므로 다이버전스란 결국 검사체적에서 빠져나간 알짜 유출량Net flux out이라는 의미를 갖는다.

또 다른 방법으로 생각해볼 수도 있다. 다이버전스를 오른쪽 면과 왼쪽 면의 속도 차이, 다시 말해 $\frac{\partial u}{\partial x}$를 유체가 검사체적을 빠져나가는 것으로 이해하는 대신 유체의 입자가 수평 방향을 따라 늘어나는 것으로 이해할 수도 있다. $\frac{\partial u}{\partial x}$가 양의 값을 가지면, 그러니까 오른쪽 면이 왼쪽 면보다 빨리 움직이면 x 방향으로 유체상자가 늘어나는 것을 의미하고, 음의 값을 가지면 줄어드는 것을 의미한다. y 방향에 대해서도 마찬가지 다. 따라서 다이버전스는 전체 체적에 대한 팽창의 의미로도 해석될 수 있다. 다이버전스를 3차원으로 연장하는 것은 어렵지 않다. 각자 생각해 보기 바란다.

다이버전스는 유체의 질량보존식이나 열량의 에너지보존식에서 종종 등장한다. 시간에 따라서 변화하지 않는 정상상태고 밀도가 바뀌지 않는 비압축성 유동에서는, 질량이 생성되거나 소멸되지 않기 때문에 다이버 전스 $\frac{\partial u}{\partial x} + \frac{\partial v}{\partial y}$는 0이 되어야 한다. $\frac{\partial u}{\partial x}$가 양이면($x$ 방향으로 많이 빠 져나가면) $\frac{\partial v}{\partial y}$가 음이 되어야($y$ 방향으로는 들어와야) 하고, 반대로 $\frac{\partial u}{\partial x}$가 음이면 $\frac{\partial v}{\partial y}$는 양이 되어야 한다. 즉 오른쪽으로 갈수록 속도 u가 빨라지면(혹은 느려지면) 속도 v는 위로 갈수록 느려져야(혹은 빨 라져야) 한다.

유체유동뿐 아니라 열전달에서도 벡터량인 열전달량 $\vec{q}$에 대한 다이 버전스 $\vec{q}$란 검사체적에서 유출되는 알짜 열전달량(순수하게 빠져나간 알짜 열량)을 의미한다. 정상상태고 내부에서 열이 발생하거나 소멸하지 않는 경우라면 에너지보존법칙에 따라 다이버전스는 0이 되어야 한다.

이제 컬에 대해 생각해보자. 컬은 연산자 델을 벡터량에 적용시킬 때 외적을 취한 것이므로 그 결과값은 벡터량이다. 속도 벡터 $\vec{v} = u\hat{i} + v\hat{j} + w\hat{k}$에 적용하면 $\nabla \times \vec{v}$는 $\left(\frac{\partial w}{\partial y} - \frac{\partial v}{\partial z} \right)\hat{i} + \left(\frac{\partial u}{\partial z} - \frac{\partial w}{\partial x} \right)\hat{j} + \left(\frac{\partial v}{\partial x} - \frac{\partial u}{\partial y} \right)\hat{k}$와 같이 표현된다. 즉 x, y, z 3차원 벡터다. 세 방향의 성분을 모두 고려하면 복잡해지므로 여기서는 z 방향 성분(책 지면x-y 평면상에서

139

의 회전을 z 방향지면에 직각 방향 회전이라 함)을 중심으로 설명한다.

컬 $\vec{v}$의 z 방향 성분은 $\left(\dfrac{\partial v}{\partial x} - \dfrac{\partial u}{\partial y}\right)$다. 이 성분은 y 방향 속도 v를 x로 미분한 항과 x 방향 속도 u를 y로 미분한 항 두 개로 구성된다. 앞서 설명한 네 개의 미분 중 나머지 두 개인 서로 교차 미분한 $\dfrac{\partial v}{\partial x}$와 $\dfrac{\partial u}{\partial y}$이다.

$\dfrac{\partial v}{\partial x}$란 y 방향 속도성분 v의 x 방향으로의 변화율을 의미한다. 아래 그림과 같이 검사체적의 왼쪽 면보다 오른쪽 면의 속도가 크면 $\dfrac{\partial v}{\partial x}$는 양의 값을 갖는다. 이런 경우 양쪽의 속도 차이 때문에 상자는 반시계 방향으로 회전한다. 마찬가지로 $\dfrac{\partial u}{\partial y}$는 x 방향 속도성분 u의 y 방향 변화율을 나타낸다. 윗면의 속도가 아랫면보다 빠르면 $\dfrac{\partial u}{\partial y}$는 양의 값을 갖고, 이번에는 상자가 시계 방향으로 회전한다. 그리고 순수 회전은 이 두 회전속도의 차이인 $\dfrac{\partial v}{\partial x} - \dfrac{\partial u}{\partial y}$에 의해 결정된다. 실제 상자의 회전속도 ω는 이 두 미분값의 평균값, 즉 컬의 절반이다($\omega = \frac{1}{2}\mathrm{curl}\vec{v}$).

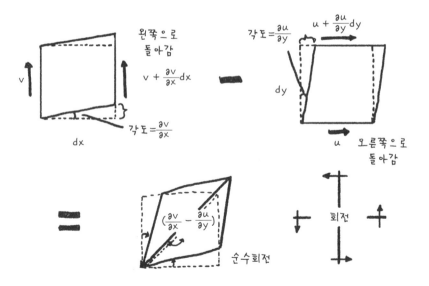

본래 컬은 퍼머한 것처럼 곱슬거리는 머리카락을 일컫는다. 머리카락의 한쪽 면(x^+)을 드라이어로 가열하면 반대쪽(x^-)보다 y 방향(머리카락이 나는 방향)으로 더 많이 늘어나게 되는데, 결과적으로는 엉뚱한 z 방향(종이 면에 수직 방향 또는 오른손 엄지손가락 방향)으로 돌돌 말리는 컬이 생긴다.

수식이 좀 많았지만 벡터 미분학의 기본인 다이버전스와 컬을 이해하는 데 조금이나마 도움이 되었기를 바란다.

다이버전스, 컬, 그래디언트의 의미

	정의	적용방법	결과	의미
다이버전스	$\text{div } \vec{V} = \nabla \cdot \vec{V}$	벡터 내적	스칼라량	팽창, 발산
컬	$\text{curl } \vec{V} = \nabla \times \vec{V}$	벡터 외적	벡터량	회전
그래디언트	$\text{grad } \phi = \nabla \phi$	스칼라	벡터량	기울기

9

등식
같음과 다름

한때 꿀과 버터 맛의 오묘한 어우러짐을 잘 살렸다는 한 과자 상품이 국민적인 인기를 끈 적이 있다. 너무나 인기가 높아서 마트에도 재고가 거의 없었고, 재입고되는 순간 다 팔려버리곤 했다. 이때 경쟁 제과업체들이 비슷한 컨셉에, 맛에, 디자인을 한 과자들을 선보이기 시작했다. '오리지널' 과자를 맛보지 못한 많은 사람들이 아쉬운 대로 이 대체 상품들을 구입했기 때문에 일종의 카피 제품이었던 이 상품들의 판매율도 아주 좋았다고 한다.

이런 제품들을 미투me too 제품이라고 하는데, 잘 팔리는 제품을 그대로 모방해 만든 제품이다. 다른 업계라면 표절 시비가 붙을 만도 하건만 마트에 가보면 여러 식품 제조사에서 나온 비슷한 상품을 많이 보게 된

다. 아마도 식품 개발에 관련한 지적재산권에서 어디서부터 어디까지 같다고 봐야 할지 결정하기 힘든 부분과도 연관이 있을 것이다. 마찬가지로 학문 영역이든 문화예술 영역이든 산업 영역이든 지적재산권에서 표절의 범위를 어떻게 정해야 할지 결정하는 것은 쉬운 일이 아니다.

실제로 살아가면서 같은 것과 다른 것을 구분하기 어려울 때가 얼마나 많은가. 어느 정도 같아야 같은 것이고 어느 정도 달라야 다른 것인가. 관점에 따라 같은 것이 다른 것이 될 수도 있고 다른 것이 같은 것이 될 수도 있다. 수학적으로는 도저히 이해가 되지 않는, 그러니까 등호˚와 부등호의 구분이 안 되는 상황이다.

수학식에서는 같다는 것과 다르다는 것이 서로 양립할 수 없다. 같은 것과 다른 것은 서로 공통부분(같으면서 다른 것)이 없고, 이 둘을 합하면(같은 것 아니면 다른 것) 모든 것이 된다. 즉 등식은 부등식과 논리적으로 역이다.

수학을 배운 사람으로서 등호를 모르는 사람은 없을 것이다. 우리가 사용하는 수식은 거의 모두 등호를 이용한 등식으로 이루어져 있다. 등호는 기본적으로 좌변과 우변이 같다는 의미다. 수식 A＝B는 A와 B가 '대등하다' 또는 '동등하다'는 의미를 갖는다.

그렇지만 이밖에도 조금씩 다르게 여러 가지 의미로 사용되고 있다.

첫째 단계별로 복잡한 수식을 유도하거나 정리할 때 동등하다는 의미보다는 A가 B와 같이 '정리 또는 변형된다'는 의미로 사용될 때가 많다. 연산작업에서 식을 단순화하거나 원하는 형태로 변형시켜나갈 때 가장 많이 사용된다.

둘째 몇 개의 변수로 이루어진 수식 덩어리를 새로운 기호로 표시하거나 특정 기호를 정의하기 위해 사용될 때도 있다. 복잡한 수식 덩어리가 나올 때마다 이를 반복해 쓰기가 귀찮기 때문에 하나의 기호, 특히 종종 그리스 문자를 써서 간단하게 표기한다. 즉 A를 B로 '정의한다'는 의미로서 일반적인 막대기 두 개짜리 등호인 '＝'과 구분하기 위해 막대기

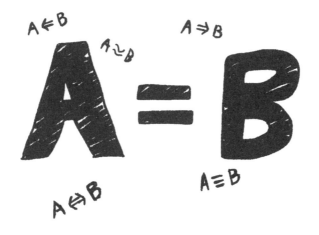

등호의 다양한 의미

의미	의미적 기호	수식 예	사용
A와 B는 동등하다	$A \Leftrightarrow B$	$F=ma$	좌우변이 대등할 때
A는 B로 정리된다	$A \Rightarrow B$	$(x-2)+3=x+1$	좌변의 수식을 정리하거나 다른 형태로 변형시킬 때
A를 B로 정의한다	$A \equiv B$	$X = \frac{x}{L}$	복잡하거나 자주 나오는 문자 그룹을 하나의 기호로 정의할 때
A에 B를 대치한다	$A \Leftarrow B$	$I=I+1$	컴퓨터 프로그램에서 좌변의 변수에 새로운 값을 저장할 때
A는 B 정도 된다	$A \approx B$	$\pi=3.14$	가까운 값으로 근사하게 가정할 때

세 개짜리 '≡'로 표시하기도 한다.

셋째 컴퓨터 프로그램에처럼 A라는 변수에 B값을 '대치한다'는 의미로 쓰이기도 한다. 숫자를 저장하기 위해 A라는 메모리를 할당한다는 의미로서 연산 프로그램을 제외한 실제 수식에서는 이러한 의미로 사용되는 예가 거의 없다. 예를 들어 컴퓨터 프로그램에서 사용되는 $I=I+1$이라는 식은 수학적으로는 말이 되지 않는다.

따라서 등식을 단순히 같다고만 해석할 것이 아니라 동일한 수식이라도 문맥文脈, 이 경우에는 식맥式脈에 따라 적절히 해석해야 한다.

이렇게 수학에서도 같다는 것이 여러 가지 의미로 해석되는 마당에 일상생활에서야 오죽하겠는가. 관점에 따라 같은 것을 다르다고 할 수도 있고 다른 것을 같다고 할 수도 있으니 말이다.

등호

등호는 그 중요성 때문에 이집트시대부터 여러 가지 형태의 약호가 고려되었다고 한다. 지금과 같은 '='을 사용한 사람은 영국인 로버트 레코드Robert Recorde(1510~58)로 처음에는 지금보다 조금 긴 형태의 나란한 선 두 개를 사용했다. 그는 1556년에 지은 《지혜의 숫돌》에서 두 개의 평행선만큼 세상에서 같은 것은 없을 것이라는 설명을 붙이며 이 기호를 사용했다. 그런데 이탈리아의 볼로냐대학교 도서관에 보관된 필사본에서도 이러한 기호가 발견되어 수학자 레코드보다 볼로냐 지방에서 먼저 사용되었을 가능성도 있다.

10
0과 1
음양사상

대학로에 가면 동숭아트홀 바로 옆에 국민대학교의 제로원 디자인센터Zero - One Design Center라는 곳이 있다. 제로원이란 0과 1을 의미하며 디자인의 기초가 된다고 하여 센터 이름을 그렇게 지었다고 한다. 제로원이라는 센터 이름 덕분에 0과 1의 여러 가지 수학적 의미를 다시금 생각해 보게 된다.

우주의 삼라만상이 있음과 없음에서 생겨나듯 모든 숫자들은 0과 1로부터 만들어진다. 우선 영零이란 없음null을 뜻한다. 아무것도 없음none, 무無, nothing의 세계, 기저의 상태를 말한다. 0은 크기를 가지고 있지 않기 때문에 어떤 수에 더해지더라도 그것을 변화시키지 못하는, 무기력하고 아무 역할도 하지 못하는 있으나마나한 수다. 반면 곱셈에 있어서는 아무리 큰 수라 할지라도 자신과 같은 0으로 만들어버리는 성질이 있다. 모든 것을 포용하여 무의 세계로 환원시키는 것이다. 한편으로 0은 원점origin이라는 의미를 갖는다. 양과 음의 중간에 위치해 경계 역할을 하며 넘치지도 부족하지도 않은 중용의 수다. 또한 굳건하게 중심을 잡고 기준점 또는 출발점의 역할을 한다.

그런가 하면 일정한 크기를 갖고 있는 1은 자신의 주체를 분명하게 가지고 있다. 모든 수의 크기를 결정짓는 향도 또는 단위unity의 역할을 한다. 계측기를 보정할 때 0점을 맞추어 기준을 잡아놓고 스팬span(눈금)으로 상대적 크기를 조절한다. 계측기의 오차에는 원점 설정이 잘못되어 발생하는 제로오차와 보정곡선의 기울기가 잘못되어 발생하는 스팬오차가 있다. 또한 1은 무차원 개념에서는 전체all 또는 모든 것everything이라는 의미를 갖는다.

0과 1은 숫자뿐 아니라 벡터나 텐서*, 심지어 함수 같은 고차원적인 수학적 수數에도 동일하게 적용된다. 벡터에도 0과 1의 개념을 갖는 제로 벡터와 단위 벡터가 있고, 텐서에도 제로 텐서와 단위 텐서가 있다. 제로 벡터를 다른 벡터에 곱하면 모든 것을 제로 벡터로 만들어버리고, 단위 벡터를 다른 벡터에 곱하면 그 벡터와 동일한 상태를 복제해낸다. 마찬가지로 제로 텐서를 다른 텐서에 곱하면 모든 것을 제로 텐서로 만들어버리고, 단위 텐서를 다른 텐서에 곱하면 그 텐서와 동일한 텐서를 다시 만들어낸다.

$$A \times 0 = 0$$
$$A \times 1 = A$$

148

기호로서의 숫자 0과 1의 생김새를 살펴봐도 흥미로운 점을 찾을 수 있다. 미국의 수학자 루디 러커^{Rudy Rucker}는 동그란 모양의 기호 0은 통통한 여자, 기다란 모양의 기호 1은 마른 남자에 비유했다. 또한 공교롭게도 구멍 모양의 기호 0은 여성 성기를 닮았고, 막대기 모양의 기호 1은 남성 성기를 닮았다. 그런가 하면 기호 0은 둥근 모양의 난자를 연상시키고, 기호 1은 가느다란 꼬리를 갖는 정자를 연상시킨다. 꿈보다 해몽인지 몰라도 0과 1은 그 생김새가 음양의 조화에 딱 들어맞는다.

그러나 무엇보다도 0과 1은 디지털의 최소 단위로서 하나의 비트를 이룬다. 논리에 있어서 참^{true}과 거짓^{false} 또는 회로의 꺼짐^{off}과 켜짐^{on}이 하나의 비트를 구성하고, 이들을 조합하여 여러 가지 경우의 수를 만들어낸다. 4비트를 써서 0부터 F까지의 16진수를 만들고 16진수 두 개, 즉 8비트로 256개의 기본적인 아스키^{ASCII} 코드[•]를 만든다.

0과 1로부터 수를 만들고, 수로부터 문자를 만들며, 디지털로 그래픽과 소리를 만들어내고 있다. 급기야 멀티미디어 동영상까지 디지털 정보로 만들어낸다. 이 세상에 있는 모든 정보는 0과 1로 바뀌어 컴퓨터 하드디스크에 저장되고 있다. 우리가 살고 있는 아날로그 세상에서 음과 양이 온 우주를 만들어낸 것과 같이 디지털 세상에서도 0과 1이 새로운 디지털 세상을 만들어가고 있다.

지금의 컴퓨터가 기반을 두고 있는 이진법은 독일의 철학자 라이프니츠^{Gottfried Wilhelm Leibniz(1646~1716)}가 동양의 음양오행설의 영향을 받아 이론화시켰다. 우리나라 태극기에 나오는 태극은 음과 양을 나타내는 1비트 수고, 8괘는 '—'(양)을 1, '– –'(음)을 0으로 하는 3비트 수다. 또한 주희의 《주역》에 나오는 64괘를 그린 도해는 6비트 경우의 수를 원(동적인 배열,

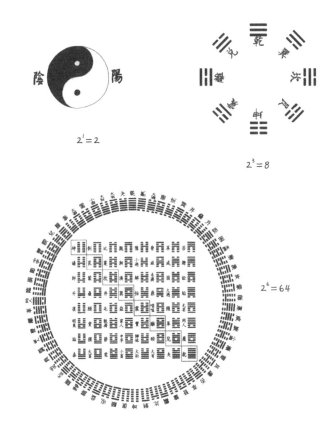

$2^1 = 2$

$2^3 = 8$

$2^6 = 64$

8괘와 태극, 그리고 주역에 나오는 64괘

양)과 정사각형(정적인 배열, 음)으로 배열한 것이다.

음양사상은 이 세상의 모든 것이 음양의 두 가지 속성으로 구분된다고 본다. 천지天地, 일월日月, 명암明暗, 흑백黑白, 정동靜動, 남녀男女, 내외內外, 상하上下, 강약强弱, 진퇴進退, 선악善惡 등. 음은 다시 음양으로 구분되고 양은 다시 음양으로 구분며, 이렇게 음과 양 각각이 다시 음양으로 구분되는 데에는 끝이 없다.

음과 양은 서로 반대 성향을 갖고 대립하나 상호 보완적이고 의존적이다. 음과 양은 서로 다르지만 그렇다고 완전히 나눌 수는 없다. 음은 음대로 양은 양대로 그 속성을 유지하려고 하지만, 한편 음은 양으로 양은 음으로 변화하려는 성질을 갖는다. 이렇게 오묘하기 짝이 없는 음양사상이 오늘날의 분명하고 확실한 디지털 세상의 원리가 되었다.

벡터vector와 텐서tensor

벡터가 $\vec{x}=(x_1, x_2, x_3)$ 처럼 한 방향으로 나열되는 1차원적 수라면, 텐서는 2차원, 3차원, 심지어 여러 차원으로 나열되는 다차원적 수다. 가장 간단한 2차원 텐서는 $\vec{T}=\begin{pmatrix} T_{11} & T_{12} & T_{13} \\ T_{21} & T_{22} & T_{23} \\ T_{31} & T_{32} & T_{33} \end{pmatrix}$ 와 같이 행렬 형태로 표시된다.

아스키American Standard Code for Information Interchange, ASCII

아스키 코드는 미국표준협회ANSI가 컴퓨터에서 사용되는 문자를 읽고 쓰기 위해 정한 표준 규약이다. 영어 알파벳과 외국어 문자, 숫자, 구두점과 선택된 기호 등 256자의 글자를 8비트 코드로 정의하고 있다. 8비트 중 7비트는 데이터 비트이며, 나머지 1비트는 패리티 비트라고 해서 앞의 7비트로 표현된 데이터가 제대로 된 정보인지 체크하는 비트다.

11
상관관계
바람과 나무통은 어떤 관계?

　일본에는 '바람이 많이 불면 나무통 가게가 돈을 번다'는 속담이 있다. 바람이 부는 것과 통 가게가 돈을 버는 것이 무슨 상관이 있을까. 이유인즉슨 이렇다. 바람이 불면 먼지가 많이 생기고, 먼지가 많아지면 눈병이 많이 생기며, 눈병이 많아지면 실명하는 사람이 많아진다. 맹인은 샤미센三味線이란 악기를 연주하면서 마을을 돌아다니는데, 샤미센을 만들려면 고양이 가죽이 많이 필요하므로 고양이를 많이 잡아야 한다. 고양이 수가 줄어들면 쥐가 늘어나게 되고, 쥐가 나무통을 갉아먹기 때문에 통이 많이 팔리게 되어 결론적으로 통 가게가 돈을 번다는 논리다.

　이처럼 두 개의 명제 사이에 원인과 결과의 관계가 주어지거나 두 개의 변수 사이에 어떤 연관성이 있을 때 상관관계가 있다고 말한다. 일본의 이 속담은 여러 단계의 상관관계를 보이고 있지만, 간단하게 두 변수 간의 상관관계를 보이는 예도 대단히 흔하다. 예를 들어 '공부를 열심히 하면 성적이 오른다'가 사실이라면 공부한 시간과 성적과는 상관관계가 있을 것이다.

여기서 우선 상관관계와 함수관계를 구별할 필요가 있다. 상관관계란 하나의 독립변수 x에 대해 종속변수 y가 여러 개 또는 넓은 범위의 값을 가지며, 데이터 하나하나의 의미보다는 전체 데이터의 통계적인 경향 또는 추세를 나타낸다. 반면 함수관계는 하나의 변수 x가 주어지면 다른 변수 y는 그에 따라 유일한 값이 정해진다.

만약 공부한 시간의 양만이 유일하게 성적을 결정할 수 있다면 '공부한 시간과 성적은 함수관계에 있다'고 말할 수 있다. 그런데 실제로 성적이 공부한 시간에 따라 정확하게 결정되던가? 아니다. 공부를 몇 시간 이상 하면 정확하게 A가 나오고 몇 시간 이하로 하면 C가 나오는 것이 아니기 때문에 공부한 시간과 성적은 상관관계에 있다고 하는 것이 옳다. 상관관계란 공부를 많이 했는데도 성적이 나쁘게 나올 수 있고 조금 했는데도 잘 나올 수 있지만, 전반적으로 많이 한 경우에 성적이 잘 나올 수 있다는 경향을 가리키는 것이다.

자연과학이나 공학에 등장하는 관계는 주로 함수관계에 관한 것이다. '기체의 압력을 높이면 부피는 줄어든다'(부피와 압력이 반비례 함수관계를 보인다는 보일의 법칙*)거나 '물체에 힘을 가하면 가속도가 발생한다'(힘과 가속도가 비례적 함수관계에 있다는 뉴턴의 제2법칙*) 등이 그 예다.

이에 비해 '여름에 더위가 극성을 부리면 겨울에 추위도 심하다'라고 하는 것은 여름의 최고 기온과 겨울의 최저 기온 간의 상관관계를 이야기할 뿐 꼭 그렇다는 법칙은 없다. 또 '수백 년에 걸쳐 지구의 평균온도가 서서히 상승해왔다'라고 하는 것은 지구의 평균온도가 증가하는 추세에 있다는 것을 뜻하며, 함수관계와는 거리가 있다.

그동안 이러한 상관관계를 자연과학 분야에서는 크게 활용하지 않았지만 사회학이나 인문학에서는 매우 광범위하게 이용해왔다. 예를 들어 소득과 저축률과의 관계에 대해 질문해볼 수 있다. '소득이 높을수록 저축을 많이 하는가? 오히려 적게 하는가? 아니면 아무런 관련이 없는가?' 월소득이 똑같다고 해도 사람에 따라 저축을 많이 할 수도 있고 적게 할 수도 있으니 함수관계는 아니다. 하지만 전반적인 추세를 살펴볼 수는 있다. 또 '지역의 범죄율은 인구밀도와 상관관계가 있는가?' 또는 '이번 사건이 대통령 지지율에는 어떠한 영향을 미치는가?' 등 많은 사례가 있다.

이러한 인문사회과학 분야의 연구나 조사를 위해서는 우선 데이터를 수집해야 한다. 데이터는 주관적인 판단이나 평가자료를 설문조사 같은

인문사회과학 분야와 과학기술 분야의 접근방법 비교

	인문사회과학 분야	과학기술 분야
관심대상	인간의 마음, 사회적 현상	자연현상, 기계적 원리
대상 변수	주관적이거나 객관화된 사회 인자	객관적인 물리량
데이터 수집	설문조사, 통계조사	측정실험, 수치해석
관계 분석	상관관계	함수관계
결론	경향을 유추	정량화된 결과

방법을 통해 수집할 수도 있고 관공서나 연구논문 등에서 각종 통계자료를 조사해 수집할 수도 있다. 한편 과학기술 분야에서는 주로 실험을 통해 측정 데이터를 얻거나 컴퓨터 수치해석을 통해 해석 데이터를 얻는다.

이렇게 수집된 데이터를 두 변수로 구성된 $x-y$ 그래프 위에 점으로 표시한다. 이를 산포도scatter diagram라고 하는데, 산포도는 함수관계로 표시되는 매끈한 그래프와 전혀 다르다. 산포도에서 데이터 점들이 일정한

상관계수 R에 따른 상관관계 정도

상관계수 R	상관관계 정도
0.0~0.2	상관관계가 거의 없다.
0.2~0.4	상관관계가 약간 있다.
0.4~0.7	상관관계가 상당히 있다.
0.7~1.0	상관관계가 강하게 있다.

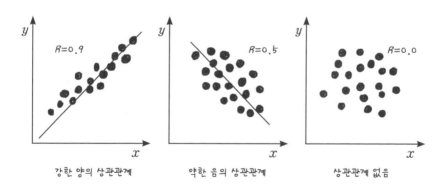

상관 정도에 따른 산포도의 예

경향이나 추세를 보이면서 잘 모여 있으면 강한 상관관계가 있다고 하고, 특정한 경향을 파악할 수 없을 정도로 산포되어 있다면 상관관계가 약하거나 없다고 한다.

두 변수 사이의 관계를 나타내는 선을 추세선이라고 한다. 추세선을 구할 때 보통은 최소제곱법에 의한 직선맞춤을 한다. 여기서 구한 상관계수 R을 보고 두 변수 간의 상관관계를 파악한다. R이 작으면 두 변수 사이의 상관관계가 약한 것이고, 1에 가까울수록 상관관계가 강하다.

$$R = \sqrt{1 - \frac{\sigma_{y,x}^2}{\sigma_y^2}}$$

이 식에서 σ_y는 산포도에서 y 방향의 데이터 표준편차, 즉 아래 그림

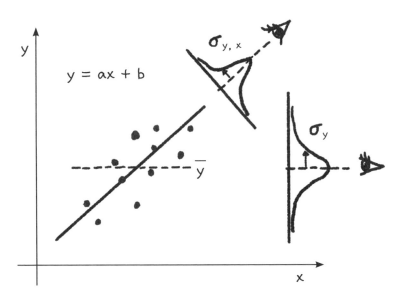

직선맞춤 그래프

156

과 같이 오른쪽에서 데이터 점들을 봤을 때 아래위로 얼마나 흩어져 있나를 보여주고, $o_{y,x}$는 직선식을 중심으로 하는 표준편차, 즉 그림과 같이 추세선 방향에 눈을 두고 바라봤을 때 직선식에서 얼마나 흩어져 벗어나 있는지를 보여준다. 모든 데이터들이 직선식에 완벽하게 올라가 있으면 $o_{y,x} = 0$이므로 R은 1이다.

한 달 중 보름달이 뜰 무렵에 미친 사람이 많이 생긴다는 속설이 있다. 달은 일정한 주기로 순환하고 인체의 생체리듬과 밀접한 관계가 있다고 하여 이런 속설이 생겼나 보다. 인체의 장기를 표현하는 한자어 肝(간), 腸(장), 肺(폐) 등에 모두 月 변이 들어 있는 것도 묘하다. 달의 순환주기가 사람의 행동에 영향을 미치는 이유로, 검증되지는 않았지만 달의 인력과 관련 있다는 설도 있다. 영어로 '정신이상'이란 단어 lunacy가 달을 가리키는 단어 lunar에서 비롯된 것만 봐도 달과 정신이상 사이에 어떤 상관관계가 있는 것이 아닐까 하는 생각이 들 정도다.

이러한 속설을 과학적으로 확인하기 위해서는 상관분석을 해봐야 한다. 우선 여러 정신병원으로부터 날짜별 정신이상 환자의 발생 수 데이터를 구한 후 음력 날짜(또는 달의 크기)에 따른 환자의 수를 각각 x축과 y축으로 하는 산포도를 그려 직선맞춤식을 구한다. 이렇게 해서 구한 상관관계가 강한 상관성을 보이면 속설이 사실로 확인된 것이고, 그렇지 않으면 괜한 속설로 치부하면 그만이다.

이밖에도 '대머리인 사람이 정력이 좋다'는 성에 관한 속설, '꿈에서 똥을 보면 재수가 좋다'는 꿈에 관한 속설, '눈이 많이 온 해는 풍년이 든다'는 날씨 관련 속설 등 사회현상이나 자연현상에 관한 속설 중 상관분석으로 확인해보고 싶은 것이 참으로 많다.

이공계 사람들은 대부분 정확한 데이터를 추구하고 그로부터 함수관계를 찾는 데 익숙하다. 오차가 크고 분포가 넓게 흩어져 나타나는 데이터를 그리 좋아하지 않는다. 그러나 경우에 따라서는 데이터의 넓은 분포를 인정하고 통계적으로 분석하는 것도 필요하다. 그렇게 함으로써 다룰 수 있는 관심 영역과 대상 영역이 크게 넓어지기 때문이다.

보일의 법칙

주어진 이상기체ideal gas의 온도가 일정할 때 압력 P와 부피 V의 곱은 일정하다는 법칙으로 PV=상수const로 표현된다. 여기서 이상기체란 분자의 부피가 없고 분자력이 존재하지 않는 가상의 기체를 말한다.

뉴턴의 법칙

물체의 운동과 작용하는 힘과의 관계를 설명한 법칙으로 제1법칙은 관성의 법칙, 제2법칙은 가속도의 법칙, 제3법칙은 작용-반작용의 법칙이다. 특히 뉴턴의 제2법칙은 운동역학의 기초로서 힘과 가속도와의 비례관계를 설명한다. 이를 식으로 표현하면 F=ma다.

12
확률게임
로또 당첨

　로또복권은 2002년 말부터 판매되기 시작해 지금도 일주일에 한 번씩 당첨자를 발표한다. 사회적으로 암울할수록 인생역전을 꿈꾸는 사람들이 많아지고, 당첨금이 누적될수록 사람들의 관심은 고조된다. 요즘은 불안정한 사회분위기 때문인지 로또복권 판매량이 사상 최대를 기록하고 있다고 한다. 판매 초기에 로또공화국이라는 말까지 생길 정도로 인기가 좋다가 한동안 잠잠해졌는데, 요즘 들어 다시 로또 열풍이 불고 있다.

　당첨이라는 큰 기대를 하지 않더라도 누구나 재미삼아 로또복권 한두 번은 사본 경험이 있을 것이다. 게임의 룰은 간단하다. 1부터 45까지의 숫자 중에서 여섯 개의 숫자를 맞추면 된다. 여섯 개를 모두 맞추면 1등, 예비번호를 포함해 여섯 개를 맞추면 2등, 여섯 개 중 다섯 개를 맞추면

3등, 이런 식이다. 숫자 45개 가운데 추첨번호 여섯 개를 뽑을 경우의 수는 $_{45}C_6$이므로 1등에 당첨될 확률은 다음과 같다.

$$\frac{1}{_{45}C_6} = \frac{1}{8,145,000}$$

8,145,000분의 1이다. 실제로는 상당히 낮은 확률이지만, 사람들은 잘만 하면 숫자 여섯 개를 전부 맞출 수 있을 것으로 기대한다. 그저 45분의 6 정도로 생각하는 것이다.

어떻게 하면 여섯 개 숫자를 모두 맞출 수 있을까? 사람들은 꿈속에 나타난 숫자들을 조합하기도 하고 역술인을 찾아가 그들의 신통력에 의지하기도 한다. 그나마 기댈 만한 것은 과거의 당첨결과를 과학적으로 분석한 자료뿐이다. 많은 사람들이 숫자를 정확하게 맞추지는 못하더라도 확률적으로 의미 있는 원리를 찾아내려고 한다. 행운의 숫자 여섯 개를 제시해주는 프로그램을 만들고 로또 정보를 제공한다는 업체도 여럿

생겨났다. 이들은 로또가 운이 아니라 과학이라고 주장하며 사람들을 부추기기도 한다.

　나 역시 로또 초창기에 뭔가 방법이 있지 않을까 싶어서 초기 당첨결과들을 통계적으로 분석해본 적이 있다. 아래 표는 1회차부터 13회차까지 추첨번호를 분석한 결과다.

　먼저 출현 빈도를 분석했다. 즉 어떤 숫자가 가장 자주 추첨됐는지 살펴봤다. 13회 동안 가장 많이 추첨된 수는 단연 42다. 예비번호를 포함해

로또 초기의 당첨번호

회차	추첨일	숫자 1	숫자 2	숫자 3	숫자 4	숫자 5	숫자 6	예비 번호	평균	홀/ 짝	연속 수	반복
1	2002년 12월 7일	10	23	29	33	37	40	16	28.67	4/2		
2	12월 14일	9	13	21	25	32	42	2	23.67	4/2		
3	12월 21일	11	16	19	21	27	31	30	20.83	5/1		
4	12월 28일	14	27	30	31	40	42	2	30.67	2/4	30, 31	31
5	2003년 1월 4일	16	24	29	40	41	42	3	32	2/4	40, 41, 42	40, 42
6	1월 11일	14	15	26	27	40	42	34	27.33	2/4	14, 15	40, 42
7	1월 18일	2	9	16	25	26	40	42	19.67	2/4	25, 26	26, 40
8	1월 25일	8	19	25	34	37	39	9	27	4/2		25
9	2월 1일	2	4	16	17	36	39	14	19	2/4	16, 17	39
10	2월 8일	9	25	30	33	41	44	6	30.33	2/4		
11	2월 15일	1	7	36	37	41	42	14	27.33	2/4	41, 42	41
12	2월 22일	2	11	21	25	39	45	44	23.83	5/1		
13	3월 1일	22	23	25	37	38	42	26	31.17	3/3	22, 23	25
평균		8.64	15.57	23.29	27.79	34.29	38.29	18.62				

162

총 일곱 번 추첨됐다. 그리고 25가 여섯 번, 2, 16, 40이 각각 다섯 번씩 추첨됐다. 한 번도 뽑히지 않은 수는 5, 12, 13, 18, 20, 28, 35, 43이다.

그리고 숫자의 합도 따져봤다. 여섯 개 수를 모두 더한 값은 통계적으로 138이어야 한다. 합산해보면 1회차부터 172, 142, 125, 184, 192, 164, 118, 162, 114, 182, 164, 143, 187의 값을 갖는다. 114부터 192의 범위를 보이고 평균 158이다. 이론적인 평균값 138보다 약간 큰 수가 나왔다.

그 다음으로 짝홀 조합을 분석해봤다. 무작위로 여섯 개의 숫자를 추출할 때 통계적으로 짝수와 홀수의 비는 3대 3이다. 그러나 데이터를 보면 3대 3으로 나온 경우는 13회 중 단 한 번뿐이고, 두 번을 제외하고는 모두 홀수 두 개-짝수 네 개 또는 홀수 네 개-짝수 두 개가 나왔다.

그리고 연속된 숫자가 나타난 경우를 살펴봤다. 여섯 개의 숫자 가운데 30, 31처럼 연속된 숫자가 나타난 경우는 모두 일곱 차례다. 이 가운데 숫자 세 개가 연속된 경우도 한 차례 있었다.

마지막으로 앞 회차의 숫자가 반복해서 추첨된 빈도도 살펴봤다. 지난 회차에 나온 여섯 개의 숫자 중 하나 이상 반복해서 다시 추첨된 경우는 모두 여덟 차례며, 두 개의 숫자가 반복되어 나온 경우는 세 차례다.

이렇게 저렇게 분석된 결과들을 접하다 보면 앞으로 나올 숫자가 무엇인지, 확률이 높은 숫자가 무엇인지 예측할 수 있을 거라 기대하게 된다. 그러나 여태까지 많이 나왔기 때문에 다시 나올 확률이 높다거나 거꾸로 많이 나왔기 때문에 이제는 안 나올 것이라거나 하는 것은 확률적으로 아무 의미가 없다. 통계적으로는 이전에 나왔건 나오지 않았건 관계없이 앞으로 나올 여섯 개 숫자는 그 자체의 확률에 따를 뿐이다. 그런 의미에서 통계학이라고 하는 것은 새로운 건 아무것도 제시해주지 못한다. 통계는 통계일 뿐이다.

오히려 의미가 있으려면 다른 요인, 예를 들어 추첨일과의 상관관계, 태양의 흑점 크기와의 상관관계, 또는 차라리 점성술에 의존하는 편이 나을 수 있다. 그러나 이러한 상관관계가 존재할 리 만무하다. 혹시 자료를 통계적으로 분석하다 보면 우연히 상관관계가 있는 것처럼 나올 수도 있겠지만, 그것은 통계적으로 의미가 없는 통계자료일 뿐이다.

오래전 경제학과에서 게임이론을 전공하는 친구가 이런 질문을 했다.

"부모들의 아들을 선호하는 바람만으로 나라 전체 신생아의 성비를 바꾸어놓을 수 있을까?"

전통적으로 동양에서는 남아 선호 분위기가 있었다. 현재 중국에서는 여성 대비 남성의 비율이 113퍼센트에 이를 정도로 심각하며 여러 가지 사회문제를 유발하고 있다고 한다. 지금은 저출산으로 잊혔지만 우리나라에서도 20~30년 전까지만 해도 신생아 남녀 성비의 불균형이 심했다.

통계적으로 약간의 오차범위는 존재하지만, 남녀 비율은 확률적으로 50대 50이다. 물론 환경에 따라 신생아의 성비가 달라질 수 있다는 연구보고가 있다. 사회적인 상황이나 주변환경에 따라서 X, Y 염색체의 활동이 달라지기 때문이라고 한다. 대체적으로 평화로운 시기에는 딸이 많이 태어나고, 전쟁이나 어려운 시기에는 아들이 많이 태어나는 경향이 있다고 한다.

사실 아들을 원하는 부모가 할 수 있는 일은 앞으로 아이를 더 가질 것인가, 그만 가질 것인가 하는 '고 혹은 스톱'의 결정뿐이지 아들이나 딸을 결정할 수는 없다. 그런데 예전에는 딸만 여럿 낳다가 결국 막둥이 아들을 낳는 경우를 흔히 볼 수 있었다. 딸을 낳으면 '고' 하고 아들을 낳으면 '스톱' 하는 것이다. 그렇다면 아들을 원하는 부모의 강력한 마음이 남아의 비율을 높일 수 있을까? 결코 그렇지 않지만 실제로는 신생아 성비의 불균형이 나타났다. 왜일까?

원래 이미 태어난 아이의 성별은 다음 태어날 아이의 성별에 전혀 영향을 미치지 않는다. 다음 태어날 아이의 성별은 자체적인 확률에 의해 삼신할미가 결정할 일이지 이미 태어난 아이의 성별과는 어떤 상관관계도 없다. 그럼에도 남녀 성비에 심각한 불균형이 생겼다면 그것은 무언가 인위적인 작동이 이루어졌다는 의미다. 자연에 맡겼다면 서로 상관이 없었을 아이들의 성비가 인간이 개입하는 바람에 왜곡된 것이다.

오늘도 요행을 바라며 여러 궁리를 해가면서 로또번호를 고르는 사람이 있을 것이다. 또 로또정보업체로부터 계속해서 번호를 공급받는 사람도 있을 것이다. 하지만 로또에 추첨되는 숫자는 지난 번에 추첨된 숫자와는 전혀 관련이 없으며, 그때그때 자신의 확률로 태어날 뿐이라는 점을 다시 한 번 기억했으면 한다.

"확률은 재미있다. 그러나 아무것도 말해주지 않는다."

13
게임 최적화
축구경기를 더 재미있게

전세계적인 축제라면 월드컵 경기를 빼놓을 수 없다. 더욱이 2002년에 개최된 한일 월드컵은 우리에게 더욱 축제 같았다. 우리나라 월드컵 축구대표팀은 종합 4위라는 놀라운 성적을 거두었고, 우리는 대회가 진행되는 6월 내내 '대~한민국'을 외치며 행복하게 지낼 수 있었다.

운동경기는 모두 나름의 재미가 있지만, 특히나 축구는 사람들을 매료시키는 독특한 매력이 있다. 축구의 묘미는 일단 규칙이 간단하다는 데 있다. 손 이외의 신체 부위를 이용해 골 안에 공을 많이 넣는 팀이 이긴다는 것이 규칙의 전부라 해도 과언이 아니다.

축구는 원래 럭비에서 파생되었고, 1870년 새로운 형태의 현대적인 경기로 인정받게 되었다고 한다. 이후 여러 가지 시행착오를 거치면서

지금과 같은 세부 규정이 정착되었다. 축구경기의 규정들을 살펴보면 게임의 흥미를 극대화하기 위한 최적화optimization 개념이 떠오른다.

우선 축구장의 크기는 너무 크지도 않고 너무 작지도 않아야 한다. 경기장 아무데서나 골대를 향해 슛을 날리거나 한 번 찬 공이 경기장을 쉽게 벗어날 수 있을 정도로 너무 좁으면 안 된다. 또 선수들이 단숨에 달려갈 수 없을 정도로 너무 넓으면 안 된다. 관중을 최대한 수용하면서 한눈에 관람할 수 있도록 하는 상업적인 측면도 중요하다.

경기하는 선수의 수도 최적화돼야 한다. 경기장 크기에 비해 선수가 너무 많으면 선수들끼리의 거리가 너무 가까워 공이 정신없이 왔다갔다 하면서 혼전을 이룰 것이고, 반대로 선수가 너무 적으면 넓은 운동장을 뛰어다니기 힘들고 경기의 긴장감도 떨어질 것이다.

이처럼 너무 크지도 않고 너무 작지도 않은 적정한 중간 상태를 찾아내는 과정을 최적화라고 한다. 어떤 대상을 최적화하기 위해서는 목적함수를 수식으로 표현한 후 이를 최대화하거나 최소화하는 조건을 찾아낸다. 예를 들어 공학에서는 기계의 효율이나 전체 비용 같은 것들이 목적함수로 종종 이용된다.

골키퍼를 제외한 각 팀의 선수가 $N(=10)$명이고 경기장의 면적을 $A(100 \times 64 = 6,400\text{m}^2)$라고 하면, 한 선수가 담당해야 할 면적 a는 $\frac{A}{2N}$로서 320제곱미터, 약 100평 정도가 된다. 선수들이 경기장에 고르게 퍼져 있다고 가정하면 가장 가까이 있는 상대편 선수와의 거리 d는 $\sqrt{\frac{A}{2N}}$라고 볼 수 있다. 계산해보면 대략 18미터쯤 된다. 물론 공이 있는 쪽으로 선수들이 몰려다니기 때문에 공 주변은 선수 사이의 거리가 좀더 가깝다.

선수들이 100미터 달리는 데 15초 정도 걸린다고 하면 선수들의 달리기 속도 v는 7m/s다. 공을 가진 선수가 공을 처리할 수 있는 시간은 상대방 선수가 다가오기까지 걸리는 시간일 텐데, 그 시간 t는 $\frac{d}{v}(=\frac{18}{7})$로서 대략 2~3초 정도가 된다. 따라서 상대방에게 공을 빼앗기지 않으려면 1초 이내에 공을 받아서 2초 이내에 재빨리 공을 처리해야 한다.

동네축구일 때는 선수들의 이동속도가 이보다 느리기 때문에 공을 처리하는 시간이 다소 길어져도 무방하다. 더군다나 동네축구 선수들의 체력을 고려하면 선수 밀도를 조금 높게 하는 편이 흥미로운 게임이 될 수 있다. 규격 경기장을 그대로 사용할 경우에는 선수 수를 11명보다 많이 하는 게 좋고, 선수를 꼭 11명으로 해야 한다면 경기장을 조금 좁게 잡는 것이 단위 면적당 선수 밀도를 높임으로써 지루한 게임을 면하는 방법이

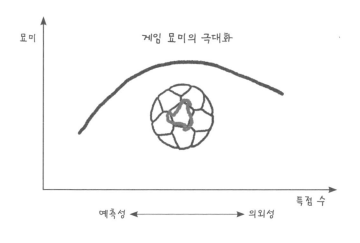

묘미

게임 묘미의 극대화

특점 수

예측성 ◄─────────► 의외성

게임이 가장 재미있는 지점은?

다. 동네축구를 해본 사람이라면 경험해봤겠지만, 좁은 운동장에서 경기할 때는 재미있다가도 막상 제대로 된 넓은 운동장에서 경기를 하면 맥빠지는 게임이 돼버리는 경우가 종종 있다.

다음으로 골대의 크기도 생각해보자. 골대의 크기는 기본적으로 축구경기를 몇 대 몇 정도로 하는 것이 최적인가 하는 점에 따라 결정돼야 한다. 나는 한때 축구경기가 좀더 재미있으려면 골대를 지금보다 크게 만들어야 한다고 생각했다. 골인되는 환희의 순간을 좀더 자주 맛본다면 지루해지기 쉬운 축구경기를 보다 박진감 넘치게 할 수 있지 않을까 싶었다. 그러나 축구에도 어느 정도 의외성이 있어야 한다는 게임의 기본원칙을 받아들이고는 더 이상 이러한 바람을 갖지 않기로 했다.

운동경기든 도박이든 흥미로운 게임이 되기 위해서는 일단 실력에 따라 승패가 결정돼야 한다. 하지만 여러 가지 요인(흔히 '운')의 영향을 받

축구와 관련된 여러 가지 수치

항목	세부내역
축구장 크기	110야드×70야드(100.58m×64m)
축구공의 속도	최대 130km/h
축구공이 날아가는 거리	최대 60m(유체항력 고려)
선수, N+1	11명
선수 간 거리, d	평균 18m
선수의 달리기 속도, v	7m/s
축구공의 둘레	27~28인치(68.58~71.12cm)
축구공의 무게	14~16온스(410~450g)
축구공의 압력	1.6~2.1기압
골대 크기	8피트×8야드(2.44m×7.32m)
패널티킥 지점 위치	12야드(11m)

음으로써 승패의 예측이 어느 정도 불확실해야 한다. 다시 말해 실력에 따른 예측 가능성과 운에 따른 의외성 사이의 최적화가 이뤄져야 한다.

골대의 크기가 커져서 게임당 득점 수가 많아지면 두 팀 간의 실력 차이가 조금만 벌어져도 실력이 나은 팀이 이길 확률이 훨씬 높아진다. 2002년 브라질과 사우디아라비아의 경기에서처럼 7대 0이라는 스코어는 나올 수 있을지언정 실력이 아무리 비슷해도 7대 6 같은 스코어는 좀처럼 나오지 않을 것이다. 그렇다면 피파FIFA 랭킹이 높은 팀은 거의 항상 이길 것이고, 또 하나의 즐거움이었던 이변은 맛볼 수 없게 된다.

인생이라는 게임이 흥미로운 것도 예측이 불확실하고 항상 의외성이 존재하기 때문일 것이다. 자신이 가지고 있는 배경이나 실력 등 확실한 잣대에 따라서만 자신이 살아갈 모습을 예측할 수 있다면 인생의 묘미는 반감될 것이다. 축구와 마찬가지로 인생에서도 여태까지 겪었던 여러 가지 불운의 이변을 받아들이고 앞으로의 멋진 이변을 기대해보도록 하자.

3부

자연의 법칙이 생활 속으로

1
열전달
칠면조 맛있게 요리하기

미국의 미네소타 지방은 위도가 높고 북미 대륙의 중앙에 위치하여 여름에는 덥고 겨울에는 추운 전형적인 대륙성 기후를 나타낸다. 그 때문인지 내가 유학한 미네소타대학교는 전통적으로 열전달, 건축물의 공기조화, 냉동공학 분야 연구가 매우 활발하여 이 분야를 전공하려고 유학 온 학생들이 많았다.

유학생 시절 어느 해 추수감사절, 같이 유학 중이던 친구들이 모여 칠면조 요리를 해먹기로 했다. 잘 알려진 것처럼 미국에서는 추수감사절이 되면 우리나라 추석 명절과 같이 한 해 동안의 수확에 감사하며 멀리 떨어져 있던 가족들이 모여 칠면조 요리를 해먹는 풍습이 있다. 추수감사절 연휴는 11월 넷째 주 목요일부터 일요일까지인데, 이때는 모든 관공서와 학교가 문을 닫는다. 거의 모든 식당이 문을 닫기 때문에 유학하던 친구들과 함께 칠면조 요리를 직접 해먹어보기로 했다.

우선 식품점에서 내장이 처리된 7파운드(약 3킬로그램)짜리 칠면조를 사왔다. 칠면조 포장지에 적혀 있는 조리법에 따라 칠면조 내부에 속 stuffing을 채우고 화씨 400도(섭씨 205도)로 맞춰진 오븐에 집어넣었다. 포장지에는 14파운드를 기준으로 할 때 여섯 시간을 조리해야 한다고 적혀 있었지만, 우리는 절반 크기인 7파운드짜리를 샀기 때문에 몇 시간 동안 익혀야 할지 알 수가 없었다.

우리는 맥주를 마시면서 오븐에 집어넣은 칠면조를 언제 꺼낼 것인가를 두고 설왕설래했다. 그때 모인 친구들 중에는 열전달을 전공하던 친구가 여럿 있었는데, 한 친구가 이야기를 시작했다.

"오븐이 단열되었다고 가정하면 에너지보존법칙에 따라 오븐에 투입된 열량은 모두 칠면조를 익히는 데 사용되겠지? 우리가 사온 칠면조는 크기가 절반이기 때문에 절반의 열량만을 투입하면 될 거야. 따라서 같은 온도조건이라면 여섯 시간의 절반인 세 시간 동안 익히면 완성이야."

여기에 한 경제학도가 거들었다.

"나는 요리나 열전달에 대해서는 잘 모르지만, 확실하지 않을 때는 선형적인 상관관계로 가정하는 것이 가장 안전하거든. 칠면조의 무게와 조리시간은 비례관계에 있다고 생각하기 때문에 이 친구 의견에 동의해."

그러자 복사열전달을 전공하던 친구가 반박했다.

"굉장히 큰 오븐에서 작은 감자를 익힌다고 생각해봐. 이때 한 개를 익히건 두 개를 익히건 열량 소모에 무슨 차이가 있을까? 그러니까 칠면조를 익히는 데 필요한 열량은 오븐에 투입된 전체 열량에 비하면 무시

할 수 있기 때문에 열량을 기준으로 해서는 안 되고, 동일한 조리상태를 만들려면 똑같이 여섯 시간을 두어야 해."

설전이 계속되는 동안 나는 이것을 비정상 열전도$^{unsteady\ heat\ conduction}$ (온도 분포가 시간이 흐름에 따라 변하는 상태에서의 열전도) 문제로 생각해봤다. 반무한 공간$^{semi-infinite}$(한쪽 표면은 평면이고 반대쪽은 무한대로 뻗어 있는 공간)으로 열이 전달될 때 열이 침투되는 깊이는 시간의 제곱근에 비례한다. 표면에 갑작스런 온도 변화가 주어진 후 네 시간 동안 침투된 깊이는 초기 한 시간 동안 침투된 깊이의 두 배가 된다($\sqrt{4}=2$). 네 시간 동안 노출됐다고 침투된 깊이까지 네 배가 되는 건 아니다.

겨울철 추운 날씨에 낮아진 온도는 시간이 지남에 따라 노출된 지표면에서 땅속으로 전파되는데, 침투 깊이는 시간의 제곱근에 비례하기 때문에 침투속도는 시간이 경과함에 따라 점점 느려진다. 따라서 몇 달이 지나고 계절이 바뀔 때까지 땅속으로 전파된 깊이는 대략 10미터에 불과하다. 따라서 더 깊은 땅속은 1년 내내 온도의 변화가 없다. 나는 이러한 열전달이론을 생각하며 말했다.

"우리가 가지고 있는 칠면조는 기준이 되는 14파운드짜리에 비해 무게가 절반이기 때문에 체적도 절반이야(우리가 가진 칠면조의 체적은 기준의 0.5). 체적은 길이의 세제곱에 비례하기 때문에 우리가 가진 칠면조의 크기는 체적 0.5의 $\frac{1}{3}$제곱 배(길이=$\sqrt[3]{체적}$)가 되지. 따라서 이 거리를 열이 침투하여 14파운드짜리 칠면조와 동일한 온도조건이 되려면 거리의 제곱 배만큼의 시간이 소요될 거야(침투시간=열 침투 깊이^2). 결론은 기준시간의 $(0.5^{\frac{1}{3}})^2$배만큼의 시간 동안 두면 돼. 계산해보면 여섯 시간의 $0.5^{\frac{2}{3}}$배, 3.78시간이야."

177

더 이상 그럴듯한 이론도 없고 밑져야 본전이라고 생각하여 모두들 동의해주었다. 그래서 3시간 47분 후에 꺼내기로 하고 모두들 아무렇지도 않게 TV를 보고 맥주를 마시며 대화를 계속했다.

하지만 나는 제대로 익을까 매우 걱정이 됐다. 한두 사람도 아니고 여러 사람이 오랫동안 익기만을 기다리고 있는데 덜 익어도 문제고 너무 타버려도 문제가 아닌가. 조리 도중 오븐을 열면 안 된다고 조리법에 적혀 있었기 때문에 궁금증을 억누르고 기다릴 수밖에 없었다.

드디어 예정된 시간이 되었고 오븐을 열었다. 일단 냄새는 그럴 듯했고 표면도 노릇노릇 먹음직스러웠다. 젓가락으로 찔러봤더니 칠면조 속 스터핑까지 잘 익었다. 나는 안도의 한숨을 내쉬었다. 그 후로도 열전달 이론을 응용한 이날처럼 맛있게 칠면조 고기를 먹어본 적이 없다.

2
온도성층화
따뜻한 겨울 보내기

　방안의 온도를 측정해보면 위치에 따라 온도가 다르다. 특히 수직 방향으로 온도구배(아래위로 온도가 다른 상태)가 생기는데, 보통 위쪽은 온도가 높고 아래쪽은 온도가 낮은 상태가 되는 것을 온도성층화temperature stratification라고 한다. 더운 공기는 가벼워서 위로 올라가고 차가운 공기는 무거워서 아래로 내려오기 때문이다. 위로 갈수록 온도가 올라가기 때문에 공기층이 안정화되어 공기의 이동이 활발하지 않다. 이와 반대로 위로 갈수록 온도가 낮아지는 경우 온도가 역전되었다고 한다.

　이것은 실내 공기뿐 아니라 대기나 바닷물에서도 마찬가지다. 대기의 공기층은 여러 층으로 이루어져 있다. 지표면에서 가까운 순서대로 대류권, 성층권, 중간권, 열권이라고 한다. 기상 변화와 관련된 곳은 지표로

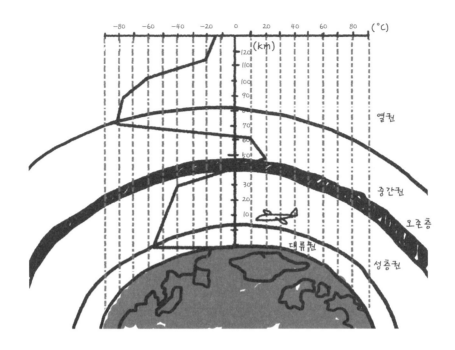

대류권, 성층권, 중간권, 열권으로 이루어진 지구의 대기층(Britannica 제공)

부터 수 킬로미터에 해당하는 대류권이다. 대류권 내에서는 보통 온도가 역전되어 있어 대류현상이 늘 활발하다. 태양열로 달구어진 지표면 부근은 온도가 높고 위로 올라갈수록 온도가 내려가기 때문이다. 평균적으로 100미터에 섭씨 0.6도씩 내려가는 것으로 알려져 있다. 설악산 대청봉의 높이가 해발 1,708미터이므로 해수면과 약 10도의 온도차가 난다.

그러나 지역에 따라, 특히 흐린 날 분지 같은 곳에서는 대기의 온도가 안정적으로 성층화되는 경우가 있다. 이럴 때는 대기의 움직임이 둔화되고 지표면에서 발생한 오염물들이 잘 빠지지 않아 스모그가 잘 생긴다.

수직 온도구배를 공학적으로 응용한 예로 온도성층 축열조thermal storage

나 솔라폰드solar pond 같은 것이 있다. 축열조란 뜨거운 물이나 기타 순환 매체를 이용해 열에너지를 저장하는 장치다. 내부의 온도 분포가 안정적으로 성층화되면 물이 아래위로 섞이는 것을 최대한 방지할 수 있는데, 아래쪽으로 찬물을 넣어주고 위쪽에서 더운 물을 뽑아 쓴다. 빙축열조처럼 냉열을 이용하는 경우에는 반대로 한다. 아래쪽에서 냉열을 뽑아 쓰고 위쪽으로 더워진 물을 다시 넣어준다. 이렇게 축열조 온도가 성층화되도록 유지하는 것이 축열조 전체를 혼합해 사용하는 것보다 열역학적 측면에서 유리하다. 섭씨 60도의 물 10킬로그램과 20도의 물 10킬로그램이 따로 있는 것이 둘을 섞어 미지근해진 40도짜리 20킬로그램의 물보다 엔트로피가 낮다. 즉 공학적으로 훨씬 유용하다.

솔라폰드도 마찬가지다. 솔라폰드는 태양열을 저장하기 위한 자연호수 또는 인공 저수조다. 염분의 농도차를 이용해 저수조 내에 농도성층화가 이뤄지도록 하면 온도구배가 역전되더라도, 그러니까 아래쪽의 물 온도가 높더라도 위아래의 대류나 혼합이 이뤄지지 않는다. 호수 위쪽에 따뜻한 물이 있으면 표면에서 대기로 열손실이 많지만, 농도성층화를 이용하면 태양열로 따뜻해진 물을 호수 아래쪽에 효율적으로 저장할 수 있다.

건물 내에 있는 방안 공기의 온도 분포는 냉난방 방식에 따라 다르게 나타난다. 서구식 난방 방식인 스토브나 페치카의 경우 실내에서 방출되는 고온의 열원에 의해 강한 상승기류가 형성된다. 따라서 대부분의 에너지가 천장 방향으로 전달되므로 수직 방향으로 온도구배가 크게 발생한다. 반면 방열기가 대부분 창 쪽에 설치되는 라디에이터 방식에서는 외벽을 따라 내려오는 차가운 하강기류를 차단함으로써 온도성층화가 그리 크지 않다. 우리의 온돌난방은 비교적 중저온의 열원이 방바닥에

위치하므로 실내의 온도성층화가 가장 적게 나타나며 열적 쾌적도 측면에서 가장 유리한 것으로 알려져 있다.

난방을 할 때는 가급적 온도성층화를 피하는 것이 좋다. 쾌적도 측면에서 최악은 천장형 히트펌프를 이용해 난방하는 경우다. 천장에서 불어오는 뜨거운 바람은 아래쪽까지 도달되지 않아 발은 시린데 머리는 항상 뜨겁게 만들어준다. 예부터 머리는 시원하고 다리는 따뜻한, 두한족열頭寒足熱이 좋다고 했는데 거꾸로 두열족한頭熱足寒이 되는 셈이다.

반대로 여름철 냉방에서는 온도성층화를 이용하는 것이 유리하다. 찬 공기를 방 아래쪽에서 공급하는 바닥급기 냉방 방식을 채택하면 실내에 온도성층화가 형성되어 천장 쪽은 온도가 높아도 바닥 쪽은 시원해 에너지 측면이나 쾌적성 측면에서 효과적이다. 이와 유사한 변위환기 displacement ventilation라는 환기 방식이 있다. 신선한 외기를 가급적 사람이 있는 아래쪽 바닥으로 불어넣어주면 온도가 높고 더러워진 공기가 자연스럽게 위로 올라가면서 배기되는 방식이다.

겨울철에도 온도성층화를 이용해 에너지를 절약할 수 있다. 가능한 한 천장 가까이에서 생활하는 거다. 보통 실내의 아래위 온도차가 2~3도 정도 되므로 위쪽에서 생활하면 좀더 따뜻하게 겨울을 보낼 수 있을 것이다. 조금 더 황당한 상상을 해볼까? 집에서 되도록이면 기다란 목발을 짚고 다니고 식탁과 침대의 다리도 가급적 길게 만든다. 그리고 비어 있는 바닥에는 감자 같은 고랭지 채소를 재배하면 어떨까?

3
온열반응
찜질방 즐기기

    우리나라에 불가마 찜질방이 처음 생겼을 때는 무슨 병에 걸린 사람들이 요양하거나 치료하는 곳으로 생각하여 멀쩡한 사람들은 가기를 꺼려했다. 그러던 곳이 요즘은 진화를 거듭하여 목욕 후 찜질을 하거나 편안한 옷으로 갈아입고 독서나 영화감상에 식도락까지, 즐겁게 쉬었다 오는 여가공간으로 자리잡았다. 또 아예 값싸게 하룻밤 자는 곳으로 활용하는 사람들도 많다. 땀을 빼고 목욕하는 것도 기분전환에 좋고, 가족들과 함께 시간을 보내며 구운 달걀과 시원한 식혜를 먹는 맛도 괜찮다. 더구나 간단한 읽을거리를 싸가지고 가서 뒹굴다 오면 1석 3조다.

    사우나는 약 2,000년 전 북유럽의 핀란드에서 시작됐다. 전통적인 핀란드식 사우나를 스모커 사우나smoker sauna라고 하는데, 장작불을 때서 실

내를 데우기 때문에 벽에 온통 시커먼 그을음이 묻어 있다. 또 러시아식 사우나는 증기를 이용한 스팀 사우나steam sauna다. 이에 비해 불가마는 뜨거운 구들장에 몸 지지기를 좋아하는 민족적 습성과 수면을 취할 수 있도록 배려한 독특한 한국식 사우나다.

불가마 내부 공기의 온도는 대략 섭씨 70~80도다. 벽면이나 불가마 자체는 더욱 고온이므로 복사열에 따라 사람이 받는 작용온도Operative Temperature, OT(기온과 주위 복사열, 기류의 영향을 조합시킨 지표로 인체의 쾌적감을 좌우함)는 더 높을 수 있다. 단백질이 익는 온도가 80도 정도이므로 달걀을 들고 있으면 거의 익을 정도의 온도다. 보통 30도가 넘는 여름이 덥다고 하니 불가마 속 온도는 가히 살인적인 온도다.

나체 상태에서 쾌적하게 느끼는 중립 영역neutral zone은 27~30도 정도

185

다. 그 이상으로 주위 온도가 올라가면 인체는 혈관운동 조절 영역zone of vasomotor regulation에 들어가 피부 가까운 곳의 혈관이 팽창하기 시작하고, 가능한 한 혈액이 피부 표면에 가깝게 흐르도록 조절된다. 그렇게 함으로써 피부 온도가 상승하고 피부와 주위 공기와의 온도차가 커져서 대류와 복사에 의한 열 방출을 크게 할 수 있다.

그러나 온도가 더욱 올라가면 이러한 조절능력은 무의미해지며, 인체 온도가 계속해서 올라가는 것을 막기 위해 땀샘의 발한작용이 작동되기 시작한다. 이 영역을 증발 조절 영역zone of evaporative regulation이라고 한다. 이렇게 신진대사에 의해 발생하는 열량 중에서 일부는 피부를 통해 방출되고 나머지는 땀의 증발열로 방출된다.

온도가 더욱 상승하여 열이 충분히 방출되지 못하면 인체 내부에 열이 축적되어 불가피하게 인체 가열 영역zone of inevitable body heating에 들어간다. 이렇게 되면 체온의 항상성을 유지하지 못하고 서서히 체온이 오르기 시작한다.

70~80도나 되는 고온의 불가마에서 체온 상승을 억제하여 사람이 익지 않고 버틸 수 있는 것은 땀의 증발작용 때문이다. 만약 공기가 아니라 물이라면 오래지 않아 통찜이 되었을 것이다. 물에서는 열전달계수가 훨씬 클 뿐 아니라 땀도 증발할 수 없기 때문이다.

하지만 공기 중이라 해도 인체 표면에서 땀에 젖어 있지 않은 부위는 위험하다. 손톱이나 머리카락처럼 땀샘이 없는 부위는 무방비 상태로 노출되어 주변 온도로까지 온도가 올라간다. 그래서 사우나를 자주 하면 머릿결이 나빠진다고 한다. 아주머니들이 하는 것처럼 수건이라도 둘러 쓰고 앉아 있으면 도움이 될 것이다. 물론 물에 적셔 쓰면 더욱 좋다.

4
복사냉각
사막에서 얼음 얼리기

우리가 느끼는 추위나 더위는 주위환경과 우리 인체 사이의 열전달에서 비롯된다. 인체에서 발생하는 열을 주변으로 충분히 뽑아내지 못하면 더위를 느끼고, 반대로 열을 너무 많이 빼앗기면 추위를 느낀다. 대류에 의해 인체 표면으로부터 주변 공기로 열을 빼앗기고, 전도에 의해 발바닥이 닿아 있는 차가운 바닥면으로 열이 전달되어 한기를 느낀다.

우리는 우리를 둘러싸고 있는 벽체나 주위의 건물과 산, 심지어 하늘과도 복사* 열교환을 하고 있다. 이 장에서는 복사 열전달에 관해 생각해보자.

복사라 하면 으레 태양과 같은 고온의 열원으로부터 뿜어져 나오는 복사열을 생각한다. 그러나 복사는 고온뿐 아니라 일반 상온, 심지어 아주 저온의 물체에도 적용된다. 복사량은 절대온도의 4제곱에 비례하기 때문에 저온으로 갈수록 그 크기는 매우 작아지지만, 실내 벽체나 인체 주위의 자연 대류유동과 같이 전체 열전달량이 그리 크지 않은 경우에는 복사 열전달이 상대적으로 중요한 역할을 한다.

인체의 온열 쾌적성을 결정짓는 요소에는 공기의 온도와 습도, 기류 속도, 그리고 평균 복사온도가 있다. 평균 복사온도란 인체와 열교환을 하는 주변 벽체의 평균온도를 의미한다. 실내의 온습도가 동일하더라도 차가운 유리창으로 둘러싸인 아트리움 공간에서 춥게 느껴지는 것은 이 복사 열교환 때문이다. 인체가 느끼는 온열 쾌적감을 하나의 지표로 표시하기 위해 이러한 요소들을 적당히 조합한 '작용온도' 또는 '예상온열감반응*' 등을 정의하고 있다.

옛날에 공기조화와 열전달을 연구하던 반미치광이 엔지니어가 있었다. 그는 추운 겨울날 밤 외출할 때면 주변으로 빼앗기는 복사열을 줄이려고 반짝거리는 은박으로 덮인 겉옷을 입고 다녔다. 이 옷은 특히 맑고 바람이 별로 없는 날에는 큰 효과를 보았다. 이런 날은 복사 열전달이 대류 열전달에 비해 상대적으로 중요하기 때문이다.

대류에 의한 열손실은 표면의 재질이나 상태에 관계가 없지만, 복사 열손실은 표면의 방사율emissivity에 의존한다. 방사율이란 흑체black body를 기준으로 하여(흑체의 방사율은 1) 물체의 복사에너지를 상대적으로 나타낸 것으로 표면의 복사 특성을 나타낸다. 방사율은 흡수율과 동일하며 전자기파의 파장에 따라 다른 값을 갖는다. 잘 연마된 금속 표면은 0.1~0.2 정도의 값을 갖고, 대부분의 건축자재 방사율은 0.9 정도 된다. 방사율이 높을수록 열손실도 높다. 따라서 이 엔지니어가 만든 은박지

태양열 복사와 원적외선 복사 비교

	태양열 복사	원적외선 복사
열원	태양(약 6,000캘빈)	상온(400캘빈보다 낮은 온도)
최대 강도 파장	가시광선(주황색)	원적외선
유리의 흡수율	0.1	0.9
색상에 따른 방사율	검은색이 가장 큼	0.9(색상과 무관)
금속 표면의 방사율	0.1~0.2	0.1~0.2

옷은 낮은 표면 방사율 덕에 복사열 손실을 줄일 수 있었다.

여기서 흰색 옷과 검은색 옷은 별 차이가 없다. 햇빛이 비추는 대낮의 가시광선 영역에서는 흰색이 검은색보다 방사율이 낮지만, 가시광선보다 파장이 긴 원적외선이 큰 영향을 미치는 밤에는 금속 아닌 일반 표면의 방사율은 색깔에 관계없이 0.9 정도로 모두 일정하기 때문이다.

일반적으로 먼 하늘의 온도는 섭씨 영하 40도 정도로 추산된다. 다행히도 대기 중에 수증기나 먼지, 구름 등이 가로막고 있어 먼 하늘과 직접 복사 열교환을 하지 못하기 때문에 복사 열손실은 줄어든다. 그런데 옛날 페르시아 지방에서는 이러한 복사냉각을 이용해 얼음을 얼렸다는 기록이 있다. 사막지역에서 무슨 수로 얼음을 얼린 걸까?

잘 단열된 나지막한 용기에 물을 담고 뚜껑을 열어놓는다. 사막지역이기 때문에 대기 중에 수증기가 적고 맑은 날이 많다. 따라서 먼 하늘의 매우 차가운 온도의 영향을 더 크게 받을 것이다. 이 물의 온도는 주변 공기의 온도와 먼 하늘의 온도와의 가중평균*으로 결정될 텐데, 그렇기

때문에 비록 주위의 온도가 영상이라도 사막지역의 특성상 빙점 이하로 떨어질 수 있다.

맑은 가을철 아침에는 안개가 자주 발생한다. 이 역시 지표면과 밤하늘과의 복사 열교환에 의한 복사냉각 때문이다. 그래서 이를 복사무輻射霧라고 한다. 주차해놓은 차의 옆면에는 서리가 생기지 않지만, 차 지붕에는 서리가 내려앉는 일이 종종 있다. 이 또한 비슷한 현상이다. 먼 하늘과 복사 열교환을 할 때 하늘을 바라보는 차 지붕이 차 옆면보다 형상계수*가 크기 때문인데, 형상계수가 클수록 물체에 도달하는 복사열이 크다.

추운 겨울 고요하고 별이 빛나는 날에 복사 열교환을 차단할 수 있는 멋진 모자를 하나 장만해보면 어떨까? 은박지 코팅은 너무 눈에 띄어 민망할 테고, 은색 실로 짠 모자라면 괜찮을 것 같다.

복사radiation

물체의 온도에 따라 그 물체의 표면에서 전자기파가 발생하는데, 이를 복사라고 한다. 슈테판-볼츠만Stefan-Boltzmann의 법칙에 따르면 복사되는 에너지량은 절대온도의 4제곱에 비례한다. 즉 온도가 높을수록 복사되는 에너지량이 많다. 전자기파에는 높은 온도의 물체가 방출하는 파장이 짧고 에너지가 높은 엑스선부터 가시광선, 그리고 낮은 온도의 물체가 방출하는 파장이 길고 에너지가 낮은 라디오파까지 다양한 파장들이 있다. 인체는 온도가 낮아 주로 긴 파장의 적외선을 방출한다.

예상온열감반응Predicted Mean Vote, PMV

인간이 느끼는 온열 쾌적감은 주어진 착의 상태와 활동 상태를 기준으로 주위의 온도, 습도, 기류, 복사의 네 가지 물리적 환경에 좌우된다. 예상온열감반응은 인체의 대사율, 의복의 열저항, 주변의 환경변수들을 종합해 만든 인체의 열평형식으로부터 도출한 열적 쾌적지표다. PMV는 -3(매우 춥다)부터 0(중립 상태)을 거쳐 +3(매우 덥다)까지 7단계로 되어 있다.

가중평균

두 개의 값 x_1과 x_2의 평균을 구할 때 둘의 중요도나 빈도 등에 따라 각각 가중치를 곱하여 구하는 평균이다. 평균을 구할 때 흔히 사용하는 산술평균을 이용하면 x_1과 x_2의 평균값은 $\frac{x_1 + x_2}{2}$가 되지만, 가중평균을 구한다면 x_1과 x_2에 각각의 가중치 α와 β를 곱한 후 둘을 더해서 가중치의 합으로 나눈 $\overline{x} = \alpha x_1 + \beta x_2$가 된다. 이때 가중치의 합 α와 β는 1이 되도록 해야 한다. 예를 들어 10과 20이 있고 10이 0.6 정도 중요하다면 가중평균은 $\frac{(10 \times 0.6) + (20 \times 0.4)}{(0.6 + 0.4)} = 14$가 된다. 가중평균 개념은 보간이나 비례관계 응용에 매우 유용하다.

형상계수shape factor

물체로부터의 복사열은 사방으로 균일하게 퍼지는데, 각기 다른 물체의 표면에 도달하는 복사열의 비율을 그 물체들 간의 형상계수라고 한다. 형상계수는 물체의 표면적과 물체 간 거리, 상대적 배치 상태 등 마주보고 있는 기하학적 요소에 따라 결정된다. 가까이 위치하고 있는 나란한 평판이나 물체를 완전히 둘러싸고 있는 반구semi-sphere에 대한 형상계수는 1이다.

5
공기조화
난방·냉방·환기

쾌적한 거주공간을 만들기 위한 노력은 인류의 역사와 그 맥을 같이 한다. 공기조화HVAC란 건축물의 난방Heating, 환기Ventilation, 냉방Air-Conditioning을 통해 쾌적한 실내 환경을 제공하는 기술을 말한다.

원시시대부터 더듬어보건대 공기조화의 역사는 난방에서 시작되었다. 불을 이용함으로써 난방을 할 수 있게 되었는데, 불이란 다름 아닌 화석연료나 나무 등에 축적된 태양에너지를 의미한다. 동굴 안에서 불을 지폈을 때 발생하는 연소가스 때문에 인류는 처음으로 실내 공기의 오염문제와 맞닥뜨렸고, 환기의 필요성을 깨닫는다. 페치카처럼 연소가스와 실내 공기를 분리하거나 물을 이용해 간접난방하는 등 인류는 이러한 문제를 해결하기 위해 여러 가지를 고안해냈다. 그러나 초기 공기조화의

주된 테마는 역시 난방이었고, 환기는 난방에서 발생하는 연소가스를 제거하는 등 부수적인 문제를 해결하기 위한 것이었다.

공기조화에서 냉방은 거의 생각할 수 없었다. 여름철에 실내 환기를 하거나 마당에 물을 뿌려놓아 증발열을 이용하거나 먼 하늘과의 복사 열교환으로 약간의 냉열을 얻는 자연적인 냉방효과뿐이었다. 겨울철에 얼은 얼음을 여름철에 이용하는 방법도 있었지만, 이러한 빙축열은 공기조화에 이용되지는 않고 임금님 수라상에 올리는 시원한 식혜나 로마 황제를 위한 차가운 포도주처럼 대부분 권력층의 호사스런 식생활을 위한 것이었다.

인위적으로 냉열을 얻으려면 19세기 냉동기가 발명될 때까지 기다려야 했다. 지금은 쉽게 말하지만 초기에 냉동기를 만든 엔지니어들은 마음고생이 매우 심했다. 불은 신의 것이고 냉열은 악마의 것이라는 당시의 사회적 인식 때문이었다. 사람들은 냉동기를 만드는 것은 신이 인간에게 내려준 불을 없애려는 불순한 기도라고 생각했다. 더욱이 초기에 냉동기 냉매로 주로 쓰인 암모니아는 그 냄새가 지독했기 때문에 냉동기를 취급하는 사람은 악취 나는 악마로 여겨지기 충분했다. 1986년 해리슨 포드가 주연을 맡았던 〈모스키토 코스트〉라는 영화는 한 냉동 엔지니어가 열대지역 주민에게 소형 냉동기를 비롯해 각종 발명품을 제공하면서 겪는 고충을 실감나게 보여주고 있다.

초기 냉동기는 굉장히 컸고 주로 냉동공장에서 얼음을 생산하는 데 이용됐다. 당시 영국에서는 겨울철 템스 강물의 얼음을 보관했다가 판매하는 얼음산업이 번창해 있었다. 기존의 '자연얼음' 판매업자들은 냉동공장에서 만들어지는 얼음을 '인조얼음'이라 하여 그 악마성과 인체 유해성을 부각시켰다. 그리하여 인조얼음과 자연얼음은 한판 승부를 벌이게 된다. 그러나 오염된 강물 때문에 신이 만든 자연산 얼음은 악마가 만든 인조얼음에게 자리를 내주고 만다. 인류의 역사는 불행하게도 항상 자연을 망가뜨리는 방향으로 일어나는 것 같다.

이후 냉동기는 건물의 쾌적 냉방에 이용되기 시작한다. 최초로 에어컨이 설치된 곳은 뉴욕에 있는 인쇄소였고, 거주공간으로는 텍사스에 있는 캐리어 극장*이 최초다. 전기료가 만만치 않았지만 사람들이 많이 모이는 고급 호텔이나 대형 극장을 중심으로 에어컨의 설치가 확산되었다. 이후 소형 패키지 에어컨이 개발되면서 일반 주택에도 에어컨이 설치되기 시작했다. 에어컨이 빠른 속도로 보급되면서 대부분의 건축물은 전천후 냉난방 온도조절이 가능한 공간으로 탈바꿈했다. 이제 지역이나 기후에 관계없이 사람들은 인위적으로 실내 온도를 마음대로 조절할 수 있게 되었다.

그러나 여전히 냉난방에 드는 에너지 비용은 부담스러웠다. 에너지를 절약하기 위해 가능하면 외기의 침투를 막아 냉난방 부하를 줄이고자 했다. 더구나 에너지 위기까지 닥치면서 건물의 작은 틈새들도 모두 틀어막아 건축물은 밀폐되기 시작했다. 실내 공간은 외부로부터 고립되어갔고 실내에서 필요한 신선한 외기가 충분히 공급되지 못했다. 더욱이 공기를 오염시키는 생활도구나 화공세제들이 실내에서 많이 이용되면서 실내 공기의 질은 악화일로를 걸었다. 건축물은 자체적으로 숨을 쉬지 못하도록 밀폐되었기 때문에 기계 환기 말고는 신선외기를 공급할 수 없었다. 이 때문에 냉난방 에너지 절감과 환기에 의한 실내 공기질 유지라는 두 명제는 에너지 가격에 따라 마치 천칭처럼 그 밸런스를 유지하며 발전되어왔다.

삶의 질을 추구하게 되면서 쾌적한 실내 공기질에 대한 욕구가 냉난방에 소요되는 에너지 비용에 대한 부담을 앞서게 되었지만, 여전히 가장 중요한 것은 신선외기를 실내로 공급하는 환기와 에너지를 절약하는 냉난방과의 조화다.

환기의 기본 개념은 일단 '외기는 신선하다'는 가정에서부터 출발한다. 그러나 특히 도심지를 중심으로 하여 미세먼지 같은 대기오염은 더 이상 이러한 가정을 만족시킬 수 없게 되었다. 이에 따라 사람들은 단순히 실내 공기를 외기로 치환하는 것에서 벗어나 실내 공기를 인위적으로 정화하고 싶어졌다. 예를 들어 봄베(압력용기)에 들어 있는 액체 질소와 액체 산소를 잘 배합하면 자연공기와 흡사하면서도 불순물이나 오염물이 전혀 없는 인조공기를 만들 수 있다. 또는 청정지역의 공기를 압축하거나 액화한 것을 용기에 담아 집집마다 배달할 수도 있다. 그러나 이러한 화학적 처리는 단순한 기계 환기나 집진에 비해 막대한 에너지가 소요된다.

이제는 냉난방 에너지 비용과 실내 환경의 문제가 아니라 과도한 에너지 소비가 불러온 지구 환경의 오염문제가 더 중요해졌다. 대기오염은 환기를 무력하게 하고 화학 처리된 인조공기를 더욱 필요하게끔 하며, 이는 막대한 에너지 소비로 이어져 지구 환경을 더욱 악화시키는 악순환을 거듭한다.

이 순간 태양으로부터 받고 있는 에너지 이상의 에너지를 사용한다는 것은 오랜 시간에 걸쳐 땅속에 축적된 태양에너지를 캐내어 사용한다는 것이며, 자연스런 평형을 깨뜨려 지구의 온도 상승을 가져온다. 그 불균형의 정도가 점점 심해지고 그 속도도 점점 빨라지고 있다. 앞으로 산업

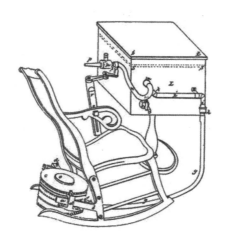

"환기 흔들의자(발명특허 18696). 건강과 쾌적을 추구하는 사람들을 유혹할 수 있는 새로운 발명. 실내의 덥고 오염된 공기를 물리치고 신선한 공기의 호사스러움을 누릴 수 있음."(필라델피아 석간 1859년)

분야와 수송 분야는 물론이고 공기조화 분야에서도 자연에 친화적인 건축설계와 에너지를 절약하는 설비설계가 더욱 중요해지는 이유다. 여름철 에어컨 사용을 조금이라도 줄이기 위해 환기기능을 가진 흔들의자라도 하나 만들어 사용하면 어떨까 싶다.

윌리스 캐리어Willis Carrier(1876~1950)

최초로 에어컨을 발명하고, 이를 생산하는 캐리어 사를 창립했다. 그는 공기조절기로 1906년 미국 특허를 획득한 후 1915년 캐리어 엔지니어링을 창립했다. 이어 공장용 에어컨, 가정용 에어컨, 사무실용 에어컨을 속속 생산하고, 마침내 마천루용 에어컨도 개발했다. 끝없는 도전으로 전세계를 시원하게 만든 에어컨디셔닝의 아버지로 불린다.

6
풍혈냉천
천연 냉장고

학회 연구모임의 주관으로 전라북도 진안에 있는 풍혈냉천風穴冷泉이라는 곳에 다녀온 적이 있다. 그 이름처럼 한여름인데도 바위 틈 사이로 찬 바람이 불어나오는 풍혈이 있고, 얼음처럼 차가운 물이 샘솟아 나오는 냉천이 있는 곳이다. 이와 유사한 곳으로는 우리나라에서 가장 잘 알려진 밀양의 얼음골이 있고, 그밖에도 제천 능강계곡의 얼음골, 정선 신동의 얼음골, 의성의 빙계계곡 등이 있다. 외국에는 중국 대련에 아이스밸리(빙계)가 있고, 일본 후지산 나루사와에 아이스케이브(빙혈)가 있다.

일반적으로 땅속 깊은 곳은 1년 내내 온도가 크게 변하지 않기 때문에 여름에는 시원하고 겨울에는 따뜻하게 느껴진다. 우리나라의 여름철 평균기온을 섭씨 28도라 하고, 겨울철 평균기온을 영하 6도라고 하면 이들

의 평균온도는 약 11도가 된다. 따라서 땅속 깊은 곳의 온도인 지중온도 역시 11~12도 정도로 보면 적당하다. 그러나 풍혈냉천에서 나오는 찬바람의 온도는 그보다 훨씬 낮으며 영하에 이르는 경우도 있다. 이를 어떻게 설명해야 할까?

풍혈냉천이 있는 산은 크고 작은 돌들이 얼기설기 쌓여 있는 지형으로 되어 있는데, 이를 너덜*이라고 한다. 이러한 구조에서는 돌 틈 사이로 바깥 공기가 쉽게 드나들 수 있다. 그래서 겨울에 찬바람이 들어가 너덜 속 깊은 곳까지 냉기가 저장되며, 봄이 되어 외부 온도가 많이 올라가도 내부 온도는 매우 낮은 상태에 머물러 있다. 이곳으로 들어간 따뜻한 공기는 차갑게 냉각되어 아래쪽으로 이동하면서 산 아래쪽에 있는 돌 틈 사이로 불어나오게 된다. 이러한 현상은 내부 온도가 서서히 증가하는

우리나라의 얼음골

제천 얼음골	금수산 능강계곡에 있는 얼음골로 땡볕이 내리쬐는 한여름에도 매서운 찬바람이 분다고 하여 한양지寒陽地라고 불렸다. 옛날부터 얼음골 고드름을 먹으면 기침이 멎는다고 해서 멀리서 찾아오는 사람이 많았다고 한다.
정선 얼음골	정선 신동읍 운치리에 있으며 주위가 모두 험산으로 에워싸여 있다. 앞은 조양강이 동강 줄기로 변하는 물골로 폭이 30~40미터가 넘는다. 복더위에 언 얼음을 토종꿀에 재었다가 빈속에 먹으면 속병이 낫는다고 한다.
의성 빙계계곡	주변의 주왕산, 보현산 등 큰 산줄기에서 흘러내려오는 물줄기가 계곡을 이룬다. 바위 틈 풍혈은 너비 1미터, 길이 10미터에 이른다. 빙계계곡을 따라 빙계 8경이 있다.
밀양 얼음골	우리나라에서 가장 유명한 얼음골로 천연기념물 224호다. 주변에 호박소, 천황산, 재약산 등 명소가 많다. 재약산 기슭에서도 얼음 골짜기 다섯 곳이 추가로 발견돼 국내 최대의 얼음골 단지가 되었다.
진안 풍혈냉천	진안군 성수면 좌포리에 있다. 병골에서 찬바람이 나오고 차디찬 샘이 솟는다 하여 풍혈냉천이라고 한다. 조선시대 명의 허준 선생이 냉천의 물로 약재를 달였다고 해서 널리 알려졌다.

늦여름까지 지속된다.

돌 틈새에서 자연대류에 의해 생기는 축냉효과와 방냉효과는 누구든지 쉽게 이해한다. 그러나 어떻게 연중 평균온도 이하로, 또 심지어 영하로 내려갈 수 있는지에 대해서는 아직 알아내야 할 부분이 많다. 공기의 열역학적인 단열팽창°이나 제습냉각°으로 설명하려는 사람도 있고 돌 틈새로 빗물이 침투하면서 생긴 축빙현상 또는 돌 자체의 다공성에 의미를 부여하는 사람도 있지만, 분명하게 밝혀진 것은 없다. 어쨌거나 동행한 사람들과 나름대로 그럴듯한 이론들에 근거해 토론하니 즐거웠다.

우리가 방문했을 때 이곳 진안의 풍혈과 연결된 돌 틈새 중 찬바람이 가장 잘 나오는 산비탈에는 땅 주인이 돌을 둘러쌓아 집을 세워놓았다. 집안은 온통 냉기가 가득했고, 음료수 파는 매점으로 이용되고 있었다. 이 집은 전기료를 걱정할 필요가 없어 대문도 활짝 열어놓고 지냈다. 집안 벽면 전체가 취출구인 '무전원 전면 냉기 취출 에어컨'이라고 할 수 있다. 한쪽 구석에는 야채를 쌓아뒀는데 그곳은 야채용 '천연 냉장고'고, 음료를 쌓아둔 곳은 음료용 '자연 냉장 판매대', 또 김치를 넣어둔 통이 있는 곳은 '초절전 김치냉장고'다. 신기하기도 하고 재미있는 모습이기는 했지만, 찬바람이 나오는 통로가 인공적인 축조물로 둘러싸여 있어 풍혈의 위력이 예전만 못하게 된 것은 아닌가 하는 생각이 들었다.

　겨울에 다시 와서 풍혈을 좀더 면밀하게 살펴보고 정밀하게 온도측정 실험을 하기로 했다. 그러나 한편으로는 자연의 신비를 푼답시고 구멍을 들여다보거나 손을 대보고, 냉기를 집안으로 끌어들이려고 인공 축조물로 막아놓은 것이 자연의 신비를 없애는 것은 아닌지 걱정이 되었다. 그리스 신화에 등장하는, 쳐다보지 말아야 할 에우리디케의 실체를 확인하려고 뒤돌아 본 오르페우스가 생각난다. 그 신비로운 실체를 인지한 순간, 그것이 스러져버리지 않았던가. 냉천은 신비를 간직한 원래의 상태에서 냉천이고, 풍혈은 손대지 않은 자연상태 그대로일 때 풍혈일 것이다.

너덜

너덜은 많은 돌이 흩어져 덮인 비탈을 의미하는데, 너덜겅 혹은 너덜강으로도 불린다. 화산암이 풍화되면서 흙이 되어가는, 자연의 윤회과정을 보여주는 자연의 학습장이다.

단열팽창

외부와 단열된 상태에서 기체의 압력이 낮아지면서 부피가 팽창하는 현상을 말한다. 부피가 팽창하면 외부로 일을 행하게 되는데, 에너지 공급이 차단된 상태에서 외부에 일을 행하면 공기의 내부 에너지인 온도가 내려간다. 이것을 단열팽창에 의한 냉각효과라고 한다.

제습냉각

공기 중에 있는 습기를 제거하여 건조하게 만들면 공기의 엔탈피enthalpy(내부 열량)가 감소하여 온도가 같더라도 쾌적한 상태를 만들 수 있다. 또 필요한 경우 약간의 물을 증발시켜 온도를 떨어뜨림으로써 추가적인 냉각효과를 얻을 수 있다. 이를 제습 및 증발에 의한 냉각효과라고 한다. 이 현상은 사막지역에서 냉동기 없이 냉각효과를 얻으려 할 때 종종 사용된다.

7
열물성
LPG 차량 이해하기

　예전에는 택시나 장애인 차량 등 특수 차량에만 LPG 사용이 허가되었다. LPG는 휘발유^{gasoline}보다 상당히 저렴하기 때문에 일종의 특혜였다. 값싼 연료를 이용하기 위해 불법으로 LPG 차량으로 개조하는 일반 자동차도 있었다. 이후 RV 차량이나 SUV 차량에도 LPG 사용이 허용되면서 LPG 차량은 급속하게 늘어났다.

　LPG는 휘발유와 달리 상온에서 기체 상태로 존재하기 때문에 폭발의 위험성이 매우 높다. 따라서 LPG 차량 운전자는 가스안전공사에서 시행하는 안전교육을 의무적으로 받아야 한다. 나는 LPG 차량을 구입한 후 안전교육을 받으면서 여태까지 열역학에서 배운 온갖 물리적 성질들(열물성치)의 의미를 한꺼번에 복습하는 기회를 가졌고, LPG 차량에 대해 더욱 잘 이해할 수 있었다.

액화석유가스Liquefied Petroleum Gas, LPG는 원유를 채취할 때나 정제할 때 나오는 탄화수소를 비교적 낮은 압력(6~7기압)에서 냉각 액화시킨 것이다. 차량에 사용되는 LPG는 프로판과 부탄이 주성분이고, 여기에 프로필렌과 부틸렌이 일부 포함된다. 나라마다 프로판과 부

탄의 비율이 조금씩 다르다. 우리나라에서는 주로 부탄이 사용되며, 계절과 지역에 따라서 프로판의 비율을 약간씩 다르게 혼합한다고 한다.

●기체 비중 기체 상태의 비중에 따라 누설된 가스가 공기 중에서 위로 흩어지거나 아래로 가라앉는다. 부탄의 비중은 공기의 약 두 배다. 따라서 창문을 열고 있어도 소량의 부탄가스가 차량 내부 아래쪽에 머물러 있을 수 있다. 공기 중에 부탄가스가 체적 대비 1.8~8.4퍼센트 범위 내에 있으면 화염에 의해 폭발할 수 있다. 그래서 차량에 가스를 충전하는 중에는 가급적 차에서 내리라고 권고한다. 금연은 두말 할 필요도 없다.

●액체 비중 반면 액체 부탄의 비중은 물의 0.6배다. 가스를 충전할 때 질량(kg)이 아니라 액체의 체적(liter)으로 계산하기 때문에 실제로 차

량에 주입되는 LPG의 질량은 휘발유보다 작다. 게다가 가스를 충전할 때는 휘발유처럼 가득 채우지 않는다. 고압가스에 대한 안전상의 이유로 연료통의 약 85퍼센트 정도만 채우고, 나머지 15퍼센트는 기체의 팽창이나 기화를 위한 여유공간으로 남겨둔다. 이 때문에 채울 수 있는 연료량은 더욱 줄어든다.

●끓는점(비등점) 끓는점과 증기압의 개념도 LPG 차량을 이해하는 데 매우 중요하다. 우선 부탄의 끓는점은 1기압에서 섭씨 영하 0.5도다. 따라서 기온이 영하 0.5도 이상이면 별도의 기화장치 없이 저절로 기화된다. 이런 이유로 LPG 차량은 휘발유나 디젤 차량에 비해 연료 시스템이 매우 단순하다. 그러나 반대로 생각하면 영하 0.5도 이하에서는 부탄이 기화하지 않기 때문에 시동을 걸 수 없다는 말이 된다. 그렇기 때문에 겨울철에는 끓는점이 이보다 훨씬 낮은 프로판을 섞어서 사용한다. 끓는점이 낮다는 건 추운 날에도 기화가 잘 된다는 의미다. 실제로 산간지역의 가스충전소에서는 겨울이 되면 프로판 가스 비율을 약간 올린다. 그런데 프로판이 먼저 기화하기 때문에 연료가 얼마 남지 않았을 때는 연료통에 액체 상태의 부탄가스만 남아 시동이 안 걸릴 수도 있다.

끓는점을 기화온도로 이해할 수도 있지만 반대로 응축온도로 이해할 수도 있다. 겨울철 주행을 마치고 주차해두면 한밤중에 기온이 내려가 배관에 남아 있는 가스가 응축될 수 있다. 배관 내에서 응축된 액체 부탄 때문에 다음날 시동이 걸리지 않을 수도 있다는 걸 꼭 알아두자. 이를 막으려면 주차할 때 배관 내 잔존 가스를 완전히 제거하는 것이 좋다. 시동이 걸린 채로 가스밸브를 잠그면 배관에 남아 있던 가스가 소진되면서 1~2분 후에 푸득거리다가 시동이 꺼진다.

●**증기압** 추울 때 시동 걸 일을 생각하면 부탄가스보다 끓는점이 낮은 프로판가스가 좋지만, 가스통 내의 압력을 생각하면 그와는 정반대다. 가스통 안은 부탄과 프로판이 액체 상태와 기체 상태로 공존하며 주어진 온도에서의 증기압으로 차 있다. 20도 상온에서 가스통 내 부탄의 증기압은 약 2기압에 불과지만, 비등점이 낮은 프로판은 8기압이 넘는다. 여름철에 기온이 30도를 넘어가면 가스통 내의 압력은 훨씬 높아진다. 그만 한 압력에 견딜 수 있을 정도로 가스통이 튼튼해야 한다. 그렇지 않으면 고압에 의해 가스통이 폭발할 수 있다.

●**발열량** 질량당 부탄의 발열량은 휘발유와 비슷하다. 다만 체적당 발열량으로 따지면 휘발유보다 약간 떨어진다. 따라서 같은 크기의 연료통을 가진 휘발유 차량과 비교하면 리터당 주행거리가 짧기 때문에 충전을 자주 해야 하는 불편함이 있다. 게다가 충전소가 주유소만큼 많이 있지 않기 때문에 먼 거리 주행을 앞두고 있다면 반드시 충전 계획을 미리 세워야 한다.

●**증발 잠열** 증발 잠열에 의한 현상도 재미있다. 증발 잠열이란 가스통 안에서 액체 부탄이 기화하면서 주위로부터 흡수하는 열량, 즉 기화열을 의미한다. 부탄의 증발 잠열은 발열량의 약 130분의 1로서 그리 크지는 않다. 하지만 가스통에서 빠져나온 액체 부탄이 밸브를 통

과할 때 압력이 떨어져 기화하면 바로 이 부근에서 주위 열량을 빼앗아 온도를 뚝 떨어뜨린다. 여름철에는 밸브 주변에 하얗게 서리가 생기기도 하고 이 부분을 잘못 만지면 동상에 걸릴 수도 있다.

이러한 증발열을 차량 냉방에 이용할 수 있지 않을까 생각해봐도 재미있다. 대충 계산해서 60km/h로 주행할 때 시간당 약 6킬로그램의 LPG를 소비한다면 최대 냉각능력은 이론적으로 0.2냉동톤 정도된다. 1냉동톤은 얼음 1톤이 24시간 동안 녹을 때 발생시키는 냉각능력으로 3.517킬로와트kW에 해당한다. 0.2냉동톤이라면 700와트짜리 작은 히터가 발생시키는 열량을 제거할 수 있다. 보통 10평 넓이에 1냉동톤의 에어컨이 사용된다.

LPG와 휘발유의 각종 물성치

열물성치		LPG		휘발유
		프로판	부탄	
분자식		C_3H_8	C_4H_{10}	$C_{7-8}H_{12-16}$
비중	액체(물=1, 20℃)	0.501	0.579	0.66~0.75
	기체 (공기=1, 15℃)	1.522	2.006	
비등점(℃)		-42.1	-0.5	25~232
증발잠열(kcal/kg)		101.8	92.1	
증기압(kg/cm², 20℃)		8.35	2.10	
발열량(kcal/kg)		12,030	11,840	11,200
체적당 발열량(kcal/L)		6,110	6,910	8,400
연소범위(공기중, vol%)		2.10~9.50	1.80~8.40	1.5~7.6
완전연소공기량(kg/kg)		15.71	15.49	14.70

가스 폭발의 위험성과 가스통 파손의 위험성, 동상의 위험성, 시동의 불편함과 잦은 충전의 불편함, 주차 시의 불편함 등 온갖 위험성과 불편함을 안고 있지만, 그럼에도 불구하고 아직까지는 가격이 싸다는 점이 LPG의 매력이다.

8
에너지보존
폭포수 목욕탕

미국의 한 대통령은 대학생들이 전공에 관계없이 우선 기계공학을 배워야 한다고 주장했다. 철학을 하든지 예술을 하든지, 사회과학을 하든지 인문학을 하든지 관계없이 우선 기계공학을 공부함으로써 합리적이고 실용적으로 사고하는 방법을 배우라는 말이다. 여기서 수학도 물리학도 아닌 기계공학이라고 지칭한 점이 흥미롭다.

기계공학에서 배우는 물리학은 아인슈타인이 등장하는 현대물리학이 아니라 대부분 실생활에 적용되는 고전물리학에 해당된다. 기계공학은 단순히 자연현상을 이해하는 데 머무르지 않고 실생활에 제대로 응용하는 것이 중요한 학문이기 때문에 이런 의미에서 특별히 기계공학을 지칭했으리라 생각된다.

요즘처럼 IT 관련 학문과 산업이 주목받고 있는 때에는 무슨 공부를 하든지 컴퓨터 사이언스를 우선 공부하라고 해야 할지 모르겠지만, 제조업이 상대적으로 소외되고 있는 현 시점에서 한번쯤 생각해볼 일이다. 모름지기 땅에 뿌리를 박고 합리적이고 근거가 확실한 사고를 해야 허황되고 막연하게 허상만을 추구하는 것을 막을 수 있다.

기계공학의 주된 명제는 역시 '보존의 법칙'으로서 물질보존과 에너지보존, 운동량보존 등을 다룬다. 쉽게 말해 무엇이든 들어간 만큼 나오고, 또 나온 만큼 들어가야 한다. 물리량의 형태는 바뀔지언정 그 자체가 소멸되거나 창조되는 일은 없어야 한다는 매우 단순하면서도 고지식한 법칙이다.

열역학에서 배우는 에너지보존법칙은 열역학 제1법칙으로 설명된다. 시스템에 가한 열량δQ과 넣어준 일량δW을 합친 만큼 시스템의 내부에너지ΔU가 증가한다. 여기서 열^{heat}은 넣어주는 것을 +로 하고, 일^{work}은 외부로 행하는 것을 +로 했기 때문에 다음과 같이 표현할 수 있다.

$$\Delta U = \delta Q - \delta W$$

열역학 제1법칙은 에너지보존과 함께 열과 일이 등가^{等價}*라는 점도 설명한다. 등가성이란 열과 일이 다른 양이 아니라 서로 변환될 수 있는, 에너지라고 하는 같은 양의 다른 형태임을 말하는 것이다. 지금은 누구나 당연하게 생각하지만, 캘빈 이전에는 연소 같은 열적인 관점에서 출발한 열에너지와 역학적인 관점에서 출발한 일에너지를 연결시키기란 쉽지 않았다.

나는 폭포수가 떨어지는 아래쪽 웅덩이에 고인 물은 겨울에도 따뜻할 거라 생각했던 적이 있다. 폭포 위에서 폭포수가 가지고 있던 위치에너지가 폭포 아래로 자유낙하하면서 운동에너지로 바뀐다. 이 운동에너지는 아래에 있는 웅덩이에 고여서 소용돌이를 형성하며 열에너지로 소산된다. 그러니 폭포수 아래 웅덩이에 고인 물은 따뜻해져서 목욕하기 딱 좋지 않겠는가?

하지만 그렇지 않다. 오히려 더 차가워질 수 있다. 열역학 제1법칙의 에너지 보존성과 열과 일의 등가성 측면에서 잘못된 점은 없다. 잘못된 것은 적용하려는 법칙의 선택이다. 폭포 아래 웅덩이에서 운동에너지가 소산되어 발생한 열에너지는 양이 그리 크지 않으며, 그보다 폭포수의 증발이나 대류에 의해 주변으로 빼앗기는 열에너지의 양이 훨씬 크다. 이 경우에는 열역학 제1법칙이 아니라 상변화에 의한 열전달 원리를 적용해 물의 온도를 구하는 것이 더욱 좋은 방법이다.

공학적 사고에 있어서 합리적이고 원리적인 것만으로는 충분치 않다. 가정이 잘못됐거나 이론이나 법칙의 적용이 잘못되어 오류가 생기기도 한다. 거대한 코끼리의 무게를 구하는 문제에서 꼬리나 털의 무게까지

에너지 형태의 변환

에너지 형태	단위 질량당 에너지	계산결과
위치에너지	$E_{potential}=gh=980J/kg$	$h=100m$
운동에너지	$E_{kinetic}=\frac{1}{2}V^2=980J/kg$	$V=44m/s$
열에너지	$E_{thermal}=Cp\Delta T=980J/kg$	$\Delta T=0.24℃$

고려하는 것은 잘못이 아니지만, 세세한 것에 신경쓰느라 정작 중요한 것을 고려하지 않으면 문제가 생길 수 있다.

학교에서 배운 법칙이나 이론을 실제 현장에 적용할 때는 그 현상을 설명하는 데 있어 주된 메커니즘이 무엇인지 가장 먼저 파악해야 하고, 타당한 법칙을 옳게 적용하는 건지 주의 깊게 살펴야 한다.

열의 일당량

제임스 줄 James Joule(1818~90)이 열과 일의 등가성을 밝히려고 했던 실험이 줄의 실험이다. 추의 위치에너지를 이용해 날개를 회전시켜 물을 저으면 물의 온도가 상승하는데, 줄의 실험은 이 온도를 측정하여 열과 일이 등가라는 사실을 보여줬다. 줄은 이 실험을 통해 1J=0.24cal 또는 1cal=4.18J이라는 사실을 밝혀냈다. 이것을 열의 일당량 또는 일의 열당량이라고 한다.

9
기계의 효율
다이어트의 진리

공학에서는 '효율'이란 개념을 빼놓을 수 없다. 이론과 달리 기계나 시스템은 실제 상황에서 여러 가지 손실이나 불완전성 때문에 완벽하지 못한 결과를 내놓는다. 이렇게 완벽하지 못한 정도를 나타내기 위해 효율이라는 용어가 사용된다. 그러나 여기저기서 등장하는 갖가지 효율들을 곰곰이 따져보면 대체적으로 두세 가지 의미로 정의되고 있음을 알 수 있다.

첫째 '주어진 입력량에 대한 출력량의 비'로 정의된다. 얼마만 한 노력을 들여서 얼마만 한 결과를 냈는가 하는 것이 가장 많이 사용되는 효율의 정의다. 예를 들어 엔진의 효율은 엔진에 들어간 입력량, 즉 연료 에너지에 대하여 우리가 원하는 출력량, 즉 구동 에너지의 비율로 정의된다.

둘째 '이상적인 상태에 대한 실제 상태의 비'로 정의된다. 이 경우는 입력량 대신 이상적인 상태가 기준이 된다. 예를 들어 열역학의 사이클 효율은 이상적인 사이클인 카르노 사이클*로 만들어낼 수 있는 최대 출력에 대한, 현실의 사이클에서 만들어낼 수 있는 실제 출력의 비율로 정의된다. 이상적인 상태인 마찰 손실이나 열 손실이 없는 가장 완벽한 상태를 기준으로 하여 실제 불완전성은 어느 정도인가를 보는 것이다.

$$\eta_1 = \frac{W_{output}}{W_{input}}$$

$$\eta_2 = \frac{W_{actual}}{W_{ideal}}$$

여기서 이상적인 경우를 설정하기 어려운 경우가 세 번째다. '임의의 기준 상태에 대한 비교'로서 나타내는 것이다. 이 경우 효율efficiency이라는 말보다 유용성effectiveness이라는 용어가 더 적합할 수도 있다.

요즘은 체중이 많이 나가는 사람뿐 아니라 그렇지 않은 보통 사람들까지도 다이어트에 관심이 많다. 다이어트는 먹고 싶은 것을 참아가며 힘들게 하기 때문에 어떻게든 쉽게 살 빼는 방법이 없을까 여러모로 궁리하게 된다. 공학용어를 즐겨 쓰는 한 뚱보 친구가 한탄스럽게 말했다.

"내 몸은 효율이 너무 좋은가 봐. 먹는 대로 전부 살이 된다니까."

살찌는 것을 효율이 높다고 봐야 할지 판단이 서지는 않았지만, 농장에서 돼지를 사육하는 경우를 생각해봤다. 돼지를 키울 때의 효율은, 입력량을 사료의 양으로 보고 출력량을 돼지고기의 양으로 보면 될 것이다. 물론 효율의 두 번째 정의에 따라 돼지를 이상적으로 완벽하게 사육했을

때의 고기량에 대한 실제로 소출된 고기량으로 정의할 수도 있다.

사람이라면 효율을 다르게 정의해야겠지만, 기본적인 열역학법칙을 동일하게 적용해볼 수는 있다. 이른바 '인체 열역학(?)'에서 에너지 보존 법칙을 생각하면, 먹은 음식과 배설물의 차이에 해당하는 열량 취득분 δQ 에서 우리가 외부에 행한 일 δW을 뺀 것이 잉여 에너지이며, 이것은 피부 조직 내에 살 ΔU로 축적된다.

$$\Delta U = \delta Q - \delta W$$

'인체 열역학 제1법칙'은 일과 밥과 살의 보존성과 등가성을 설명한 다. 살은 태워서 일을 만들어낼 수 있고, 일을 하지 않으면 밥은 살로 축 적된다는 보존법칙이다. 등가성이란 줄의 일당량과 같이 밥의 일당량이 나 살의 일당량을 말한다.

밥의 일당량이란, 예를 들어 한 숟가락의 쌀밥은 윗몸일으키기 30회에 해당하며 갈비 한 대는 조깅 10분에 해당한다 등으로 표현할 수 있다. 또 살의 일당량이란 1킬로그램의 살을 빼기 위해 아무것도 먹지 않고 얼마만큼 운동해야 하는지 그 양을 나타낸다. 참고로 직접 러닝머신에서 측정해보니 10km/h의 속도로 30분간 조깅하면, 약 400킬로칼로리^{kcal}의 열량이 소모되고 약 0.5킬로그램의 몸무게가 줄어든다(직접 확인해보려면 땀에 젖은 운동복이 잘 마른 후에 측정하자).

'인체 열역학 제2법칙'은 일과 살의 방향성을 설명한다. 원래 열역학 제2법칙에서 일은 모두 열로 바뀔 수 있지만, 역으로 열은 모두 일로 바뀔 수 없다. 마찬가지로 사람 몸에서도 일(운동)을 하지 않으면 나머지는 모두 자연스럽게 살로 가지만, 거꾸로 살을 변환하기 위해 일(운동)을 하려면 참으로 고통스럽다는 뜻으로 해석할 수 있다.

결국 다이어트를 바란다면 자신의 기계 효율을 탓하지 말고 고통스러워도 적게 먹고 꾸준히 운동해야 한다는 평범한 진리에 도달한다.

운동별 칼로리 소모량(체중 70kg 기준) **식품별 칼로리 열량**

운동 종류	열량 소모량 (kcal/10분)	식품 종류	열량(kcal)
산책	30	사과 1개	100
골프	48	오렌지주스 1잔	100
에어로빅	59	계란후라이 1개	120
스키	82	피자 1쪽	250
윗몸일으키기	101	햄버거 1개	270
조깅(천천히)	110	라면 1인분	500
수영(자유형)	204	짜장면 1인분	540

카르노 사이클Carnot cycle

최고의 열효율을 만들어낼 수 있는 열역학상의 가역 사이클로 프랑스 과학자 카르노Nicolas Leonard Sadi Carnot(1796~1832)가 고안했다. 카르노 사이클은 두 개의 등온과정과 두 개의 단열과정으로 구성된다. 기체는 등온 팽창(1-2), 단열 팽창(2-3), 등온 압축(3-4), 단열 압축(4-1)의 네 단계를 순환하여 처음의 상태로 복귀한다. 카르노 사이클의 열효율은 기체 종류에 관계없이 다음과 같은 효율을 갖는다.

$$\eta = 1 - \frac{T_L}{T_H}$$

여기서 고열원의 온도 T_H가 높을수록 그리고 저열원의 온도 T_L이 낮을수록 열효율이 높아지지만, 저열원의 온도가 절대영도(섭씨 영하 273.16도)가 되지 않는 한 이상적인 카르노 사이클에서도 효율 100퍼센트의 열기관을 만들 수 없다. 실제 기관의 열효율은 마찰 저항과 열손실 등으로 더욱 낮아진다. 이상적인 카르노 사이클은 실제 열기관의 효율을 표시할 때 비교 기준이 되기 때문에 중요한 의미를 갖는다.

10
엔트로피 증가
생명을 유지하는 길

대학교 1학년 때 수강한 일반화학 시간에 엔트로피와 무질서도에 대해 처음으로 배웠다. 요즘은 엔트로피에 관한 교양서적이 많이 나와 있어 일반인들에게도 잘 알려져 있지만, 당시 처음으로 엔트로피를 접한 나는 과학이론이 과학적 사실 자체에 머물지 않고 사회현상과 연관되어 설명될 수 있다는 사실이 참으로 신기했다.

엔트로피entropy란 열역학에서 나오는 개념이다. 열역학 제2법칙은 엔트로피 증가의 법칙이라고도 하는데, 모든 자연현상은 엔트로피가 증가하는 방향으로만 일어난다는 법칙이다. 이 법칙에 따르면 엔트로피가 저절로 감소하는 일은 절대로 없다. 엔트로피ΔS는 열전달량δQ을 절대온도T로 나눈 값으로 정의된다. 따라서 이를 식으로 표현하면 다음과 같다.

$$\Delta S = \frac{\delta Q}{T}$$

예를 들어 온도가 높은 물체 A(350캘빈)에서 온도가 낮은 물체 B(300캘빈)로 100줄만큼의 열량이 전달되면, 물체 A는 에너지가 100줄이 감소하고 B는 100줄이 증가하여 전체 에너지는 보존된다(열역학 제1법칙). 그러나 엔트로피는 열을 받은 물체 B가 $\frac{100J}{300K}$ 만큼 증가하고, 열을 빼앗긴 물체 A는 $\frac{100J}{350K}$ 만큼 감소하므로 이 둘을 합친 전체 엔트로피는 $+\frac{100}{300} - \frac{100}{350} = +0.047J/K$가 되어, 증가한다(열역학 제2법칙).

엔트로피 증가의 법칙에 따라 뜨거운 물체에서 차가운 물체로 열이 전달되는 현상은 자발적으로 일어나며, 결국 두 물체 사이의 온도차는 없어진다. 반대로 차가운 물체에서 뜨거운 물체로 열이 전달되어 온도차가 오히려 커지는 현상은 스스로 일어날 수 없다. 다시 말해 온도차가 있을 때 자연현상은 균일화되는 방향, 바꿔 말하자면 온도차가 없어지는

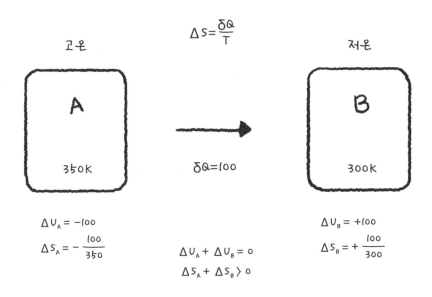

방향으로 일어난다.

열적인 측면뿐 아니라 물질적인 측면에서 보더라도 모든 자연현상은 서로 균일화되는 방향, 서로 구별되지 않는 방향, 또는 무질서해지는 방향으로 진행된다. 분리되어 있던 두 종류의 기체는 격리막이 제거되면 서로 섞이기 시작해 다시는 자발적으로 각기 다른 쪽으로 분리되지 않는다. 잘 정돈되어 있던 책상은 시간이 지남에 따라 서류와 물건들이 서로 뒤섞이기 시작하고 이것을 다시 정돈하는 '일'을 가하지 않는 한 결국 책상 위는 무질서해진다.

휴일이 시작되기 전날 집에 들어올 때까지 나는 정장을 하고, 넥타이를 매고, 머리도 단정하다. 집에 도착한 나는 넥타이를 풀고, 양말을 벗고, 하나씩 편한 옷으로 갈아입는다. 나는 휴일 내내 엔트로피가 증가하도록 내버려두기로 한다. 집에 있던 음식들은 하나둘씩 뱃속으로 사라져

간다. 이 음식들은 뱃속에서 모두 뒤섞여 야채인지 고기인지 구별하기 어려운 변의 직전 형태로 바뀐다.

시간이 흐르면서 내 몸은 더 이상 편할 수 없는 상태가 되어 있다. 온몸은 지구 중력에 대한 저항을 포기하고 방바닥의 가장 낮은 곳에 밀착되어 있다. 며칠 동안 씻지 않았더니 피부에는 때가 끼기 시작하고, 머리는 부스스해졌다. 얼굴에는 수염이 자라나서 얼굴인지 머리인지 구별이 되지 않는다. 처음 누웠을 때만 해도 바닥이 다소 차갑게 느껴졌으나 이제는 방바닥과 내 몸 사이에 더 이상의 열교환은 없다. 몽롱한 상태에서 꿈속에 빠져든다.

이제 죽은 것인지 산 것인지 도대체 구별이 안 갈 지경이다. 온도뿐 아니라 피부 표면의 구성성분도 주위와 균질화되었다. 내 몸은 주위의 먼지와 흙과 범벅이 되면서 경계가 모호해지고, 가루로 부스러져 바람과 함께 온 공간에 흩뿌려진다. 온 세상은 어디서 온 것이지 알 수 없는 가루들로 뒤덮었다. 태양도 뿌연 연기에 가려 그 빛을 잃었다. 지구상에 더 이상의 생명체는 없다. 생명체뿐 아니라 아무것도 서로 구별이 되지 않는다. 무엇인가 꽉 차 있지만 아무것도 분별해낼 수가 없다. 우주의 엔트로피가 최대한으로 증가하여 더 이상의 변화가 일어날 수 없는 평형상태, 즉 열역학적 종말 또는 열적 죽음thermal death 상태에 다다른 것이다.

혼미한 상태에서 깨어나 살그머니 한쪽 눈을 떠보니 나는 아직 살아 있다. 피부 표면에서는 주위환경과 어느 정도 열적으로 또 물질적으로 균일화가 이루어졌지만, 아직 살아 있는 관계로 더 이상의 진전은 없었고 나름대로 생명의 객체를 보존하고 있다.

"아! 생명을 유지한다는 건 다름 아닌 자신의 엔트로피 증가를 막아주는 활동이로구나."

감사한 마음에 감탄이 절로 나온다.

하지만 열역학 제2법칙에 따라 생명활동을 하고 있는 나 자신의 엔트로피 증가를 억제하려면, 나 대신 주위의 엔트로피가 증가돼야 한다. 여기까지 생각이 미치자 희생하고 있는 우주에게 미안한 생각이 들었다.

$$\Delta S_{우주} = \Delta S_{나} + \Delta S_{주위} > 0$$

생명을 유지하기 위한 최소한의 엔트로피 증가는 어쩔 수 없다 하더라도 지나친 인간활동은 우주 전체의 엔트로피 증가를 더욱 가속화시킨다. 필요 이상의 생명체 유지활동, 즉 지나치게 깔끔함, 멋을 부린 음식, 먼지 하나 없는 옷차림, 진한 화장, 젊어지려 함 등과 같이 자연현상에 대해 역행하려고 하거나 주변환경과 지나치게 차별화하려는 노력은 우주 전체에 너무 큰 부담이 될 수 있다.

휴일 내내 나의 생명활동을 두드러지지 않게 함으로써 우주의 엔트로피 증가를 조금이나마 지연시키지 않았나 생각하며 나의 게으름을 합리화한다. 자연으로 돌아가자. 그리고 엔트로피가 자연스럽게 증가하도록 내버려두자.

11
전기요금과 가스요금
에너지 노예 해방

　요즘은 원유가격이 배럴당 40~50달러 전후에서 등락하면서 비교적 저유가 기조를 유지하고 있다. 덕분에 가정에서 사용하는 전기요금이나 가스요금이 많이 오르지는 않았지만, 여전히 가계에 부담이 되고 있는 것은 사실이다. 나는 지금 살고 있는 집으로 이사 온 후로 가스요금이 많이 나온다는 생각에 매달 고지서에 나오는 요금과 사용량을 기록하기 시작했다.

　현재 우리집은 15층 건물의 꼭대기 층으로 세 면이 외벽으로 이루어져 있다. 아파트의 여섯 개 면(바닥 면과 천장 면 그리고 네 벽면) 중에서 바닥 면과 한쪽 벽면만이 아랫집과 옆집에 붙어 있어 고맙게도 그나마 열손실을 일부 막을 수 있을 뿐 나머지는 모두 외기에 노출되어 있어 열손실이 심하다. 게다가 유리창이 넓기 때문에 실내가 밝아서 좋기는 해도 일사에 의한 태양열 부하가 크고, 꼭대기 층만의 지붕 열부하가 추가되어 여름에는 에어컨 가동에 따른 전기요금, 겨울에는 난방으로 인한 가스요금이 전에 살던 집에 비해 많이 나온다.

기록을 보면 우리집에서 한 달 동안 사용하는 전기 사용량은 적을 때는 300킬로와트시에서 많게는 500킬로와트시 정도다. 평균적으로 400킬로와트시라고 하면 하루에 12~13킬로와트시를 쓰는 셈이다. 여기서 1킬로와트시^{kWh}란 1킬로와트^{kW}의 전력을 1시간^h 동안 사용한 전력량(에너지)이다.

어느 집이나 마찬가지겠지만 24시간 냉장고와 밥솥이 켜져 있고, 간간히 보일러가 돌아간다. 전등과 컴퓨터, TV는 저녁에 몇 시간씩 사용된다. 다만 우리집 TV는 고장난 지 몇 년이 지나도록 고치지 않은 관계로 전력 소비에 기여하지 못하고 있다. 여름철 한두 달은 에어컨을 사용하므로 100~200킬로와트시 정도가 더 나온다.

잘 알려진 바와 같이 전기요금에는 누진제가 적용된다. 누진제는 1973년 석유파동을 계기로 소비부문 에너지 절약과 저소득층 보호를 목적으로 사용량이 많을수록 높은 단가를 적용하는 요금제다. 그동안 6단계로 나누어 적용했으나 2016년부터 누진율을 완화하면서 0~200킬로와트시, 201~400킬로와트시, 401킬로와트시 이상, 이렇게 3단계로 단순화했다.

한 달 평균 사용량 400킬로와트시를 기준으로 하면 전기요금이 66,000원 정도인데, 이보다 100킬로와트시를 덜 쓰면 44,000원이지만 100킬로와트시를 더 쓰면 104,000원이 나온다. 1킬로와트시당 전기요금이 400킬로와트시 이하에서는 190원, 400킬로와트시가 넘으면 280원이다. 보통 한 달 전기 사용량을 400킬로와트시라고 하면 여기에 에어컨처럼 추가로 사용하는 전기요금은 1킬로와트시당 280원씩 올라간다. 쉽게 생각해서 1킬로와트시짜리 전기히터를 세 시간 켜놓거나 3킬로와트시짜리 에어컨을 한 시간 켜놓으면 대략 1,000원 정도를 지불해야 한다고 이해하면 된다. 에너지에 관련해서는 이렇듯 숫자가 많이 나오므로 나름대로 인내가 필요하고, 중요한 몇몇 숫자들은 아예 외워두면 편하다.

다음으로 가스 사용량을 살펴보자. 전기 사용량은 kWh로 표시하지만 가스 사용량은 또 다른 열량 단위인 MJ(메가줄)로 표시한다. 2012년 이전까지만 해도 가스요금은 공급된 도시가스의 부피(m³)에 근거해 부과했는데, 현재는 열량에 근거해 부과하고 있다. 가스의 부피는 온도와 압력에 따라서 변할 뿐 아니라 가스 성분에 따라 단위 체적당 열량이 변할 수 있기 때문에 항상 일정한 열량을 기준으로 하여 공급한다. 참고로 우리나라 도시가스 1세제곱미터(1,000리터)의 체적은 약 43메가줄의 열량을 갖는다.

227

우리집에서 사용하는 가스 열량은 여름에는 1,000메가줄을 조금 넘는 수준이지만, 겨울철 몇 달 동안은 여름철 사용량의 무려 20배가 넘는다. 여름에는 음식을 조리하거나 샤워물을 데울 때만 가스가 쓰이기 때문이다. 겨울에 난방으로 소요되는 가스량에 비하면 매우 적은 양이다. 가스의 1년 평균 사용량은 매달 8,000메가줄 정도다. 도시가스 요금은 누진제가 적용되지 않으며 사용량에 비례해 책정되고 있다. 현재 요금은 1메가줄당 15원 정도다.

우리가 집에서 사용하는 에너지와 우리 신체가 사용하는 에너지를 비교해보면 재미있다. 우리 몸이 움직이는 데 필요한 에너지를 대사량이라고 하는데, 여기에는 기초대사량과 활동대사량이 있다. 기초대사량은 체중에 따라 다르지만 하루에 1,500~2,000킬로칼로리 정도고, 활동대사량은 활동량에 따라 500~1,500킬로칼로리 정도다. 총 대사량을 하루 2,500킬로칼로리라고 할 때 이를 전력량으로 환산하면 약 3킬로와트시가 된다. 평균적으로 24시간 동안 120와트짜리 모터 한 개 또는 60와트짜리 전구 두 개를 켤 수 있는 에너지다. 공교롭게도 앞에서 설명한 우리집 하루 평균 전기사용량 12킬로와트시를 식구 수(네 식구)로 나눈 것과 같아서 우리집 전기 사용량은 네 식구의 신진대사량과 거의 같다는 말이 된다.

사람을 하나의 에너지 기계로 보면 음식물을 통해 하루 2,500킬로칼로리(120와트) 정도의 에너지를 받아들이고 약간의 발열(가만히 앉아 있는 활동을 기준으로 1met＝58W˚)과 약 10분의 1마력(75와트) 정도의 기계적 일을 행할 수 있는 것으로 생각할 수 있다.

전기 사용량을 에너지 노예 개념으로 환산하면 우리집에는 식구 한

명당 한 명씩 네 명의 에너지 노예가 고용되어 있는 셈이다. 이들 네 명
의 전기에너지 노예는 냉장고를 돌리고 전등과 컴퓨터에 필요한 에너지
를 공급하며 전열히터를 틀었을 때 열에너지를 공급해준다. 또 도시가스
에너지노예는 기계적 일은 하지 않고 주로 열에너지만 발생시키는 노예

전기요금표

기본요금 (원/호)		전력량 요금 (원/kWh)	
200kWh 이하 사용	910	처음 200kWh까지	93.3
201~400kWh 사용	1,600	다음 200kWh까지	187.9
400kWh 초과 사용	7,300	400kWh 초과	280.6

내가 사용하는 에너지 소비량

에너지	용도	사용량	발열량 환산	1인 1일 에너지 소비	상당 노예수
음식	신진대사량	2,500kcal/일	–	2,500kcal	4
전기	TV, 조명, 냉장고	400kWh/4명 /30일	860kcal/kWh	2,870kcal	1명
가스	난방, 취사, 목욕 등	8,000MJ/4명 /30일	860kcal/3.6MJ	16,000kcal	6명
휘발유	승용차	150L/4홀로 /30일	8,300kcal/L	41,500kcal	17명
기타	물자, 생산, 교통, 공용건물 등	–	–	–	

• 단위환산 860kcal=1kWh=3.6MJ

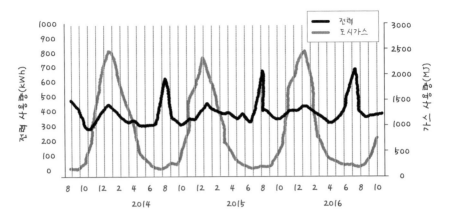

우리집 전기 사용량과 가스 사용량

로서 우리집 난방과 취사를 위해 약 25명이 고용되어 있다.

우리는 전기에너지와 가스에너지뿐 아니라 많은 에너지를 소비하면서 살고 있다. 내가 소비하는 휘발유를 기준으로 승용차의 사용 에너지를 환산하면 무려 17명의 휘발유 에너지 노예가 일하고 있는 꼴이다. 그렇다고 17명의 휘발유 노예가 100마력이나 되는 내 차를 끌고 다닐 수 있는 것은 아니다. 더 많은 노예가 대기상태에 있다가 필요할 때만 힘을 쓰는 것으로서 평균적으로 17명이 하루 종일 쉬지 않고 일하는 양과 같다는 말이다.

통계자료에 따르면 한국사람 1인당 평균 150,000킬로칼로리를 소비하고 있다. 여기에는 앞에서 설명한 전기와 가스뿐 아니라 우리가 소비하는 온갖 제품들을 생산하는 데 필요한 에너지까지 모두 포함된 것이다. 이 양은 에너지 노예 60명에 해당한다. 국민 한 사람이 무려 60명이나 되는 노예를 부리면서 호사를 누리고 있는 셈이다. 미국인은 78명, 방글라데시인은 두 명으로 국가 간, 계층 간 격차가 크다. 역시 돈 많고 잘 나가는 나라 사람들이 많은 노예를 부리고 있다. 옛날에는 인간 노예를 써서 호사스런 생활을 누렸다면 지금은 에너지 노예 덕분에 편리한 생활을 누리고 있다. 에너지 요금뿐 아니라 지구환경과 에너지 문제를 생각하면 에너지 노예 해방운동이라도 벌여야 하는 것은 아닌지 모르겠다.

메트 met

메트란 인체의 발열량을 기준으로 신진대사량을 표시하기 위한 단위다. 성인 남자 한 사람이 가만히 앉아 있을 때의 발열량은 인체의 단위 피부 표면적당 58와트(W/m²) 정도인데, 이것을 1메트라고 하여 작업 강도를 나타낸다. 성인 남자의 인체 표면적은 1.8제곱미터 정도이므로 전체 발열량은 1인당 105와트 정도다. 수면 시에는 0.7메트, 도보 시에는 2.0메트 등과 같이 인체의 활동 상태에 따라 메트값이 변화한다.

12
연료전지
로봇의 하루 일과

신은 자신을 닮은 인간을 만들었고, 인간은 자신을 닮은 로봇을 만들고 싶어 한다. 여태까지는 주로 공장 자동화를 위해 단순반복 작업을 수행하는 산업용 로봇이 만들어졌으나 앞으로는 일상생활에서 다용도로 활용될 수 있는 가정용 로봇이 개발될 예정이다.

지금도 여러 분야에서 개발된 센싱기술, 제어기술, 구동 메커니즘, 인공지능 등 다양한 기술들이 로봇에 적용되고 있다. 앞으로도 각 분야별로 많은 연구가 진행되어 무게중심을 잡고 자연스럽게 걷는 로봇, 카메라를 통해 영상을 인식하는 로봇, 음성 인식을 통해 사람의 말소리를 이해하는 로봇, 각종 데이터를 축적해 상황을 판단할 수 있는 로봇, 심지어 감정을 느끼는 로봇 등 좀더 진화된 휴머노이드가 개발될 것이다.

여기서 간과되고 있는 것 중 하나가 로봇에 공급되는 에너지원에 관한 부분이다. 로봇을 움직이는 데 필요한 에너지를 어떻게 공급할 것인가 하는 문제다.

가장 초보적인 단계는 전기 배터리를 탑재하는 방법이다. 한 사람 정도의 신진대사량을 갖는 로봇으로 가정하면 하루에 대략 2,500킬로칼로리, 전기에너지로 3킬로와트시 정도가 필요하다고 볼 수 있다. 자동차용 배터리가 보통 720와트시(60Ah×12V) 정도의 용량을 가지므로 이 배터리 네 개에 해당하는 양이다. 하루종일 네 개나 되는 무거운 배터리를 싣고 다녀야 하고, 이를 충전하기 위해서는 몇 시간 동안 전기 아웃렛에 꽂아놔야 한다. 이러한 전기 배터리의 단점을 보완하는 고효율 대용량 배터리를 하루빨리 개발해야 한다.

아울러 폐배터리로 인한 환경오염을 근본적으로 줄일 수 있는 차세대 에너지원으로 연료전지fuel cell에 대한 연구도 활발하다. 연료전지란 기본적으로 수소를 연소시켜 전기를 만들어내는 장치이며, 반응결과 약간의 물H_2O이 부산물로 발생한다. 이는 물을 전기분해하는 과정의 역반응이라고 생각하면 된다.

연료로 액체 수소를 직접 공급할 수도 있지만 메탄이나 에탄 같은 각종 탄화수소로부터 수소를 발생시킬 수도 있다. 알코올이나 식용유 같이 탄소와 수소가 포함된 유기물이라면 연료전지의 연료로 이용될 수 있다. 연료전지는 이러한 연료를 공급받아 전기를 발생시키고 약간의 열도 발생시킨다. 배터리와 비교하면 에너지 밀도가 높아서 소형화가 가능하며 이동용 에너지원으로 적합해 앞으로 전기 배터리를 대체할 수도 있다.

아직은 먼 일이지만, 가까운 미래에 로봇의 활동과 에너지 공급은 어떻게 이루어질까 상상해본다.

'로봇'은 연료탱크 레벨이 어느 수준 이하로 떨어졌음을 감지하고 연료를 충전할 수 있는 충전소 위치를 인터넷에서 검색했다. 충전소에 도착한 로봇은 연료탱크로 통하는 주입 밸브를 열고 연료를 넣기 시작했다. 가지고 있는 크레딧이 많지 않아서 액체로만 된 연료를 주입하지 못하고 가격이 저렴한 고체 연료도 일부 섞어 넣었다. 예전에 비하면 연료전지 기술이 많이 발전하여 액체 연료뿐 아니라 고체 상태의 연료도 이용되고 있다. 지금은 고운 가루가 물에 떠 있는 콜로이드colloid 상태는 물론이고, 고체 상태로 직접 주입하는 것도 가능하다. 맷돌 같은 분쇄치아로 바이오매스biomass(곡류, 풀, 나무껍질, 짚단 등)를 가루 형태로 만들어 물과 혼합한 후 연료전지로 주입하면 되기 때문이다.

연료탱크가 큰 로봇은 하루 한 번만 연료 보충을 해도 되지만 보통은 하루 세 번 충전하도록 만들어져 있다. 연료탱크가 너무 크면 몸이 무거워서 움직이는 데 에너지 소모가 많다. 그러나 연료통이 너무 작으면 연료를 자주 보충해야 하므로 역시 비효율적이다.

로봇은 연료를 채웠더니 몸이 무거워졌다. 기왕 식당에 온 김에 배출물이 고여 있는 탱크를 비워야겠다고 생각했다. 액체 배출물은 아래쪽에 달려 있는 솔레노이드 밸브를 열어서 간단하게 배출하면 된다. 기체 상태의 배출물은 탱크 위쪽에 달린 밸브를 개방하면 공기 중으로 자동 배출된다. 좀더 적극적으로 탱크에 약간의 압력을 가하면 남은 기체가 시원하게 빠진다. 물론 이 경우 밸브 부근에서 공기가 빠지면서 뿌웅 하는 유동소음이 발생하기도 한다.

문제는 고형 배출물이다. 고형 배출물은 바이오매스의 찌꺼기로 탱크

안에 들러붙어 잘 떨어지지 않을 때도 있다. 심할 때는 내과 수리소에 가서 탱크를 분해해 찌꺼기를 끄집어내거나 파이프 내 이물질을 제거해야 한다. 그러나 보통은 고형 배출물의 유동성을 높여주는 연료 첨가제나 특수 기름을 주입해 해결한다.

식사를 마친 로봇은 오늘 일과를 시작했다. 일과라고 하는 것은 주로 집안일과 간단한 외부 심부름, 그리고 인터넷 검색 같은 것들이다. 그런데 가사와 같이 매일 반복되는 일을 하다 보니 한쪽 팔 관절이 많이 마모되었다. 반면 다른 쪽 관절들은 사용량이 많지 않아서 오히려 뻑뻑할 지경이다. 그래서 일을 하는 중간 중간 다른 관절도 움직여줘야 한다.

평소 몸 관리를 잘 하지 않으면 외과 수리소 신세를 져야 한다. 수리소에 가면 센서 라인이 끊어져 손가락이 작동되지 않는 로봇, 다리 하나가 절단되어 수리하러 온 로봇, 관절이 윤활되지 않아서 기름을 치러 온

로봇, 보증기간 50년이 지나 오십견을 하소연하는 로봇 등 수리받기 위해 온 로봇들이 많다.

오늘도 연료를 채우고 관절운동하고 병원 갔다 온 시간을 빼면 별로 한 일이 없다. 하루가 왜 이리 빨리 지나가는지 모르겠다. 그래도 벌써 밤이 되어 잠을 자야 한다. 잔다는 것은 하루 종일 돌아다니느라 어수선해진 탱크 속을 차분하게 가라앉히는 시간이기도 하고, 자기진단을 통해 몸 전체를 점검해보는 시간이기도 하다. 또 오늘 하루 동안 카메라와 마이크 등 각종 센서를 통해 입력된 정보를 정리하고 반추하는 시간이기도 하다. 이를 바탕으로 이른바 '경험'이라고 하는 각종 학습제어 프로그램들을 재검토하고 수정하기도 한다.

물론 이러한 일들은 일과중에 틈틈이 할 수도 있다. 하지만 어차피 생명 배터리인 리튬배터리는 침대 머리맡에 있는 전기 콘센트로 충전해야 하기 때문에 주로 조용한 밤시간을 이용한다. 주인도 밤중에 로봇이 돌아다니면서 시끄럽게 하는 것을 좋아하지 않는다. 자는 동안에는 사용하지 않는 장비를 대기모드로 돌려놓고 전력 사용을 최소화하면서 휴식을 취한다.

대기 전력만을 공급받기 때문에 밤에는 가느다란 생각밖에 할 수가 없다. 꿈결에 로봇은 자신의 몸이 서서히 늙어간다고 생각했다. 요즘 들어 동네에는 신형 로봇들이 눈에 많이 띈다. 훨씬 힘도 세고 효율도 좋을 뿐 아니라 고도의 인공지능을 탑재한 로봇들이다. 이들을 볼 때마다 자신의 존재 가치에 회의를 느끼고 노후에 대한 걱정이 앞선다. 신형 로봇에 비하면 경험 프로그램이 좀 축적되어 있다는 것 말고는 별로 내세울 것이 없다. 아직은 수리비용에 비해 이용가치가 더 있기 때문에 처분되지 않는 것 같다. 그러나 앞으로 몇 년이나 더 생존할 수 있을지 예측하기가 어렵다. 앞으로 내 고철 덩어리와 내 메모리는 어떻게 될 것인가. 다시 녹여서 다른 로봇으로 환생할 것인가. 여러 가지 생각을 하면서 로봇은 수면모드로 접어들었다.

로봇 이야기인지 우리들 이야기인지 잘 모르겠다. 신은 자신을 닮은 인간을 만들었고, 인간은 자신을 닮은 로봇을 만들었다. 그렇다면 인간은 신의 로봇인 동시에 로봇의 신인가?

13
유체흐름
교통체증

서울 시내의 교통체증은 어제오늘 일이 아니다. 자동차로 꽉 찬 도로에 갇혀 있자면 답답하기 그지없지만, 공학자의 관점에서 찬찬히 도로상의 교통흐름을 관찰해보면 흥미롭게도 여러 가지 측면에서 유체유동과 유사함을 발견한다.

각각의 차량을 하나의 유체 입자로, 도로를 유체가 흐르는 관로管路라고 생각하면 서울의 도로망은 거대한 파이프 네트워크다. 고속도로나 자동차 전용도로는 주主배관이고, 일반 간선도로는 작은 분지관branch이라고 할 수 있다. 또 차량의 속도는 유체속도, 차량의 밀도(단위 도로길이당 차량 수)는 유체밀도(단위 체적당 질량)에 해당한다.

관로의 단면적은 축소되기도 하고 확대되기도 하는데, 단면적에 관계없이 그 안을 흐르는 유량은 일정하다. 두 개의 관이 만나면 두 유량을 합친 만큼의 유량이 흐르고, 갈라지는 관에서는 두 개의 유량으로 나뉜다. 바꿔 말하면 유체역학의 연속방정식continuity equation을 만족시킨다. 연속방정식이란 질량, 운동, 에너지 등의 물리량이 보존되는 상태를 기술한 방정식으로 유체역학에서는 검사체적을 통해 들어오는 질량과 나가는 질량의 차이만큼 검사체적 내의 질량이 증가함을 보여준다.

연속방정식을 '교통유체역학(?)'에 적용하면 고속도로 상행선으로 올라오는 차량과 하행선으로 내려가는 차량의 차이만큼 서울이라는 검사체적 내 차량 대수가 증가하거나 감소한다는 의미가 되고, 영동대교에 진입하는 차량과 진출하는 차량의 차이만큼 영동대교 위의 차량이 증가하거나 감소한다는 의미가 된다.

이때 영동대교라는 검사체적 내에서 차량이 많아지면 도로 위 차량밀도가 높아진다. 여기서 차량밀도란 도로 1킬로미터당 차량 수를 말하며 차량 간격의 역수에 해당한다. 따라서 교통흐름은 차량의 밀도가 변화하는 압축성 유동이라고 생각한다. 압축성 유동은 공기처럼 압력의 변화에 따라 밀도의 변화가 큰 유동을 말하고, 유체의 밀도가 일정하면 비압축

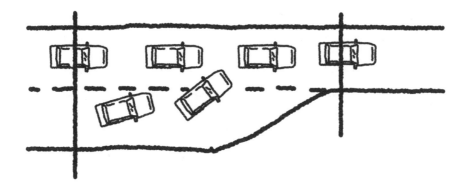

성 유동이라고 한다.

압축성효과는 정체현상의 파급효과에서 관찰할 수 있다. 도로에 정체현상이 생기면 뒤따라오던 차량들은 순차적으로 브레이크를 밟으며 속도를 줄이게 되고, 반대로 정체구역을 막 통과한 곳에서는 순차적으로 브레이크 등이 꺼지면서 가속 페달을 밟고 하나씩 차량밀도가 낮은 도로의 하류 쪽으로 달아난다. 빨간 브레이크 등이 차례로 켜지는 모습을 하늘에서 내려다보면 정체구역을 기점으로 하여 파동이 도로를 타고 퍼져나가는 것처럼 보인다. 가장 밀도가 높은 구간을 경계로 하류로 갈수록 밀도가 낮아지며 유속이 빨라지기 시작한다. 이는 압축성 유체역학에서 압력파가 전달되는 현상과 유사하다.

압력파의 전달속도는 운전자의 순발력에 비례한다. 여기서 압력파의 전달속도는 실제 유체의 속도와 구분해야 한다. 앞서 파동을 설명할 때 파도타기를 예로 들었다. 응원석의 파도는 관중이 옆으로 이동한 것이 아니라 옆에 있는 사람을 따라 일어났다 앉음으로써 이동하는 것이다. 옆 사람 따라 눈치껏 얼른 일어나면 파동은 빨라지고 굼뜨게 일어나면 파동은 느려진다. 마찬가지로 순발력이 떨어지는 운전자는 앞차가 출발한 후 한참(수 초) 뒤에 출발하기 때문에 뒷차 운전자에게 반응이 전달되는 속도가 느리다. 순발력이 좋은 운전자는 앞차가 가속 페달을 밟음과 거의 동시에 뒤따라서 출발한다.

모든 운전자가 무한대로 빠른 순발력을 가졌다면 동시에 브레이크를 밟거나 가속 페달을 밟음으로써 모든 차량들이 한덩어리처럼 움직일 수 있다. 그러면 브레이크를 밟는 속도가 거의 무한대의 속도로 도로를 거슬러 빠르게 전파될 것이다. 앞으로 인공지능에 의한 무인 운전시대가 되면 도로 위의 차량들이 거의 동시에 가속 또는 감속하는 수준이 될지도 모르겠다. 아마도 아직까지는 우리나라 운전자들의 전달속도가 가장 빠르지 않을까 생각한다.

병목현상이 일어나고 있는 지점에서의 차량 통과 대수는 소닉 노즐*에서와 같이 단면적이 가장 작은 병목지점에서의 차량속도가 결정한다. 도로의 다른 부분을 아무리 넓혀도 병목지점에서의 차량속도를 더 이상 빠르게 할 수는 없다. 또 아무리 차량이 많이 밀려 운전자에 대한 압력이 증가한다 해도 병목에서의 차량속도는 일정 속도(유체에서는 음속)를 넘을 수 없다. 사고구간이건 공사구간이건 가장 병목이 되는 구간은 어차피 한 대씩 차례로 빠져나가는 수밖에 없기 때문이다.

넓은 고속도로에서 차선별로 질서정연하게 달리는 차량의 흐름은 관로 내의 층류유동*을 연상시킨다. 1차선부터 하위 차선으로 갈수록 속도가 느린 차들이 운행하는 것이 마치 포물선 분포를 갖는 포아젤 유동*을 보는 것 같다. 반대 차선에서는 차들이 반대 방향으로 움직이므로 여기서는 속도를 뒤집어 생각하거나 중앙차선을 중심으로 포물선의 반쪽만 생각하면 된다. 간간히 갓길에 정지해 있는 차량을 보면서 유체역학의 점착조건*을 만족시키고 있음을 확인한다.

그러나 차량들이 빈번하게 차선 변경을 하기 시작하면 질서정연한 층류유동은 깨지고 섭동성분을 포함하는 난류유동으로 변한다. 느린 차선에 있던 차량이 빠른 차선으로 넘어가면 뒤에서 빠르게 달려오는 차를 막아서는 꼴이 되고, 반대로 빠른 차선에 있던 차가 느린 차선으로 넘어가면 앞에 가는 차를 재촉하는 꼴이 된다.

이러한 섭동성분은 난류의 고유한 특성으로 운동량 교환에 따른 추가

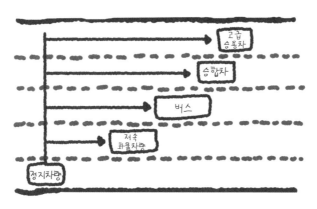

질서정연한 층류유동

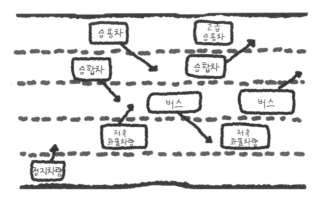

섭동성분에 의한 난류유동

적인 저항을 발생시킨다. 이를 난류저항이라고 한다. 여기서 층류유동과 난류유동을 결정하는 것은 임계 레이놀즈수(층류에서 난류로 전이되는 지점에서의 레이놀즈수)가 아니라 차량 정체에 불만을 가진 운전자 참을성의 임계값이다. 차선 변경은 추가적인 난류저항을 유발함으로써 전 차선에 걸쳐 균일한, 즉 '너도 못가고 나도 못가는' 속도 분포를 형성한다.

유체흐름과 교통흐름의 상사성

유체흐름		교통흐름
유체의 속도	$U=\dfrac{ds}{dt}$	차량의 속도
층류유동		나란한 차량 흐름
난류 섭동량	$V=\overline{V}+v'$	차선 변경 차량
난류 점성저항	$\overline{-\rho u'v'}$	차선 변경에 의한 교통 저항
층류 점성계수	μ	옆 차량에 의한 신경쓰임
균일한 관 내의 난류속도 분포	$\dfrac{U}{U_0}=\left(\dfrac{y}{R}\right)^{\frac{1}{7}}$	평준화된 차선별 차량속도
분지관 합류		차선 합류, 끼어들기
관로 입구 저항		차량 진입시 머뭇거림
돌연 축소 노즐		갑작스런 차선 축소
유체밀도 (유체 체적의 역수)	$\rho=\dfrac{dm}{dV}$	단위 거리당 차량 수 (차량 간격의 역수)
입력파의 전파속도	$c=\sqrt{\gamma RT}$	정체현상의 파급속도
초킹현상	소닉 노즐	병목현상

난류저항의 이해를 돕기 위해 속도가 다른 두 개의 컨베이어 벨트를 생각해보자. 사람이 빠른 벨트에 있다가 느린 벨트로 넘어가면, 자신이 가지고 있던 운동량이 느린 벨트에 전달되어 벨트를 앞으로 움직이게 하는 힘으로 작용한다. 물론 자신은 앞으로 고꾸라지려고 한다. 반대로 느린 벨트에 있다가 빠른 벨트로 넘어가면, 자신은 뒤로 넘어지려고 하면서 가지고 있던 느린 관성력이 벨트로 전달되어 벨트가 움직이는 데 추

가적인 힘이 들게 한다. 즉 사람이 왔다갔다함으로써 빠른 벨트는 느려지는 방향으로, 느린 벨트는 빨라지는 방향으로 힘(운동량 교환)이 작용하며 속도가 균일화되는 것이다.

유체역학을 이해하는 운전자들만이라도 차선 변경에 의한 추가적인 난류저항을 유발시키지 말자. 차가 밀리더라도 차분한 마음으로 차선을 지키며 교통흐름과 유체유동과의 유사성에 관해 생각해보면 덜 지루하지 않을까?

소닉 노즐sonic nozzle

노즐이란 깔때기 모양의 유체기계 부품으로 좁은 통로에서 빠르게 유체를 분출시키기 위한 기구다. 노즐 상단 쪽에 높은 압력이 걸릴수록 노즐을 통과하는 유속이 증가한다. 그러나 노즐 상단의 압력이 일정 이상이 되면 노즐을 통과하는 유속이 더는 빨라지지 않는다. 속도가 가장 빠른 목 부분에서의 속도가 음속(기체일 경우)에 도달하여 더 이상 빨라질 수 없기 때문이다. 이를 초킹choking현상이라고 하는데 이 현상을 이용한 것이 소닉 노즐이다. 즉 소닉 노즐은 관로 상부의 압력이 심하게 변동하더라도 안정적으로 일정하게 유량을 공급하도록 해준다.

층류유동laminar flow과 난류유동turbulent flow

층류유동이란 유동 방향으로 층을 이루며 유속이 일정하게 유지되는 유동, 난류유동은 전후좌우로 무질서하게 뒤섞이는 유동을 말한다. 수도꼭지를 틀면 물이 콸콸 쏟아져나온다. 이것이 난류유동이다. 두 종류의 유동 형태를 경계 짓는 것이 관로 내 평균유속에 근거한 임계 레이놀즈수다. 일반적으로 레이놀즈수가 2,300이 되는 평균유속을 경계로 층류유동과 난류유동을 구분한다.

포아젤 유동Poiseuille flow

관로 내 유동이 층류 형태일 때 관내의 속도 분포는, 관로 중심에서 가장 빠르고 관벽 쪽으로 갈수록 속도가 느려지는 포물선 형태를 보인다. 토목공학자였던 하겐Gotthilf Hagen(1797~1884)과 내과의사였던 포아젤Jean Louis Poiseuille(1799~1884)은 각각 관로와 혈관 내의 유동에 관해 연구했는데, 이를 기리기 위해 하겐-포아젤 유동이라고도 한다.

점착조건no-slip condition

유체와 고체면이 접하는 곳에서 유체는 미끄러지지 않고 고체면과 동일한 속도를 갖게 된다. 따라서 정지해 있는 고체면에서는 유체의 속도가 제로가 된다. 이를 점착조건이라고 한다.

14
유체항력 1
곰보 골프공의 비밀

갈릴레오 Galileo Galilei(1564~1642)가 피사의 사탑에서 했다는 유명한 자유 낙하 실험은 모든 물체에 균일한 중력가속도가 작용하고 있다는 사실을 증명했다. 그전까지만 해도 중력에 의해 떨어지는 물체의 속도는 질량에 비례한다는 아리스토텔레스의 생각이 지배적이었다. 지금은 그렇게 생각하는 사람이 없지만, 당시에는 무거운 것이 빨리 떨어지고 가벼운 것은 천천히 떨어진다고 생각했다.

갈릴레오는 아리스토텔레스의 생각이 잘못됐음을 증명하기 위해 무게가 다른 두 개의 공으로 실험했다. 무거운 쇠공과 가벼운 나무공은 그가 의도한 대로 동시에 지면에 닿았다. 그는 운이 좋았다. 다행스럽게도 두 개의 공에 작용하는 공기저항의 차이가 크지 않았기 때문이다. 만약

그림 1 평판 위를 나란히 흐르는 유동

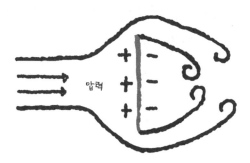

압력

그림 2 평판을 향해 흐르는 유동

공기저항이 두 개의 공에 눈에 띄게 다르게 작용했다면 갈릴레오는 중력 가속도에 대해 결론을 내리기 어려웠을 것이다.

우리는 유체의 저항력을 줄이기 위해 많은 노력을 한다. 유체항력을 줄임으로써 비행기의 연료를 절약할 수 있고, 같은 힘으로 자동차를 좀 더 빨리 달리게 할 수 있기 때문이다. 물체에 작용하는 유체항력은 점성 항력viscous drag과 형상항력form drag이란 두 가지 요인에 의존한다.

점성항력은 유체가 물체 표면을 따라 나란히 흐를 때 점성에 의해 나타나는 마찰 저항력이고, 형상항력은 물체 전후의 압력차 때문에 나타나는 저항력이다. 물체가 움직일 때 앞쪽에는 플러스 압력이 작용하고 뒤쪽에는 후류wake(물체의 하류 쪽에 발생하는 유체의 소용돌이)에 의해 마

247

이너스 압력이 작용하기 때문에 생기는 항력이 형상항력이다.

일반적으로 물체에는 점성항력과 형상항력이 복합적으로 나타난다. 평판 위를 나란히 흐르는 유동에 대해서는 점성항력이 지배적이고, 평판을 향하여 흐르는 유동에 대해서는 형상항력이 지배적이다. 앞 페이지 그림 1과 같이 유동이 물체 표면과 나란할 때는 마찰에 의한 점성항력이 주로 작용하고, 그림 2처럼 유동이 물체와 수직 방향일 때는 앞뒤의 압력차에 의한 형상항력이 주로 작용한다.

야구공이나 자동차, 비행기, 미사일 주변에서 나타나는 유동은 레이놀즈수($\frac{관성력}{점성력}$)가 큰 유동이다. 이러한 유동에서는 형상항력이 지배적이며 점성마찰은 상대적으로 덜 중요하다. 이럴 때는 물체를 유선형으로 만들어 물체 뒷부분에서 발생하는 후류영역을 좁혀 형상항력을 줄인다.

반면 레이놀즈수가 작은 유동에서는 점성항력이 지배적이다. 이 경우 물체 전후의 압력차에 의한 형상항력보다 점성 마찰력이 훨씬 크다. 끈끈한 기름처럼 점성계수(유체가 얼마나 끈끈하고 점성이 많은가를 나타내는 유체의 고유한 물성치)가 크고 속도가 느린 경우나 공기 중의 먼지처럼 크기가 매우 작은 물체 주변에서 나타나는 유동이 레이놀즈수가 작은 유동이다. 공기가 끈끈하던가? 우리는 걸을 때 공기가 끈끈해 팔을 움직이기 힘들다고 생각하지 않지만, 작은 먼지나 미생물들은 공기 중에서 움직일 때 공기가 상대적으로 끈끈하게(점성이 크게) 느껴진다.

이런 경우 물체를 유선형으로 만들면 표면적이 늘어나 오히려 항력이 증가한다. 그래서 아주 작은 바다 생물들은 유체항력을 줄인다고 몸을 유선형으로 만들어도 소용이 없다. 이들 중에는 나사 모양으로 생긴 것이 빙빙 돌면서 추진력을 얻는 것도 있고 뱀처럼 꿈틀거리는 동작으로 이동하는 것들도 있다. 이들은 보통 크기의 생물들과는 전혀 다른 유동 영역에서 자신들만의 방식으로 살고 있다.

$$유체항력＝점성항력＋형상항력$$

항력에 관한 특이한 현상으로 골프공의 예를 많이 든다. 일반적으로 표면이 매끈할수록 항력이 작고, 난류유동보다는 층류유동일 때 항력이 작다고 알려져 있다. 그러나 골프공은 일부러 표면을 곰보 모양dimple으로 만들어 난류박리˚를 유도함으로써 항력을 줄인다(참고로 이 경우는 레이놀즈수가 큰 유동이다).

이것은 경험적으로 터득한 원리다. 골프공 주위의 유동은 레이놀즈수가 난류박리 영역과 층류박리 영역의 경계에 위치하는데, 공 표면이 거칠면 교란이 생기면서 난류박리가 일어나기 쉬워진다. 매끈한 공과 거친

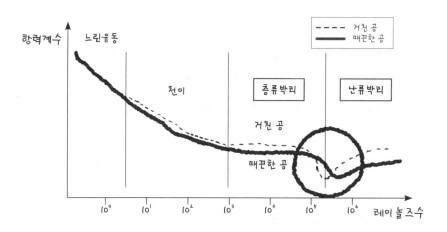

레이놀즈수에 따른 공 주위의 항력계수 분포

249

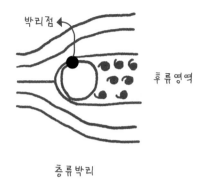

층류박리

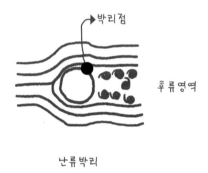

난류박리

공의 항력계수를 비교하면 앞 페이지 그림과 같다. 대부분의 범위에서는 매끈한 공의 항력계수가 작지만 원으로 표시된 영역처럼 표면이 거친 공의 항력계수가 더 작아지는 영역이 존재한다. 골프공의 딤플은 바로 이 영역을 이용한 것이다.

딤플이 난류유동을 일으키고 이때 박리점separation point이 공의 뒤쪽으로 밀려나면서 형상항력이 줄어든다. 위쪽 두 그림을 비교해보면 층류박리보다 난류박리일 때 박리점이 물체 뒤쪽(오른쪽 또는 하류쪽)으로 물러나 있음을 알 수 있다. 이렇게 되면 압력이 높은 물체 앞쪽은 층류 때

250

와 동일한 분포를 보이지만, 물체 뒤쪽에 압력이 낮은 후류영역의 크기가 줄어들기 때문에 뒤로 잡아당기는 힘도 줄어든다.

골프공의 이 현상은 드라이버샷에는 적용되지만 공의 속도가 느린 칩샷 등에 대해서는 적용되지 않는다. 숏 게임을 할 때는 거리보다는 정확도가 문제이므로 항력에 신경쓸 필요가 없다. 게다가 골프공 말고 아무 공에나 딤플을 만든다고 해서 항력이 작아지는 것도 아니다. 이 현상은 드라이버샷을 할 때 골프공의 속도와 골프공의 크기가 만들어내는 절묘한 레이놀즈수에 의한 것이다.

유체역학을 배운 적은 없지만 물고기들은 완벽한 유선형 모양으로 형상항력을 최대한 줄이고, 돌고래는 피부 표면에서 분비되는 미량의 기름으로 유체와의 미끄럼마찰을 유도하고, 표면에 나 있는 작은 돌기로 마찰에 의한 점성항력을 줄인다. 이렇듯 자연은 유체항력에 관해 우리에게 많은 것을 가르쳐주고 있다.

난류박리

유체가 물체 주변을 흐를 때 물체 가까이에 경계층이 형성되면서 난류 형태로 발달되다가 물체 뒤쪽으로 가면서 유체의 흐름이 물체에서 떨어져나가는 현상을 말한다. 박리점 뒤쪽으로 후류가 만들어진다.

15
유체항력 2
안전한 빗방울

　스포츠 세계에서도 유체항력을 줄이기 위해 많은 노력을 한다. 수영 선수들은 몸에 딱 달라붙는 수영복을 입으며, 단거리 육상 선수들은 체모를 깎는다. 털에 의한 저항이 그리 크지는 않겠지만 0.01초의 기록을 다툴 때는 그야말로 털끝만큼이라도 줄일 수 있으면 줄이고자 한다.

　속도가 빠른 사이클 경주에서는 공기항력을 줄이는 것이 더욱 중요하다. 레이놀즈수가 큰 유동에서는 공기항력이 속도의 제곱에 비례하기 때문이다. 사이클 선수는 자신의 머리 뒤통수에 발생하는 후류영역을 제어하기 위해 유선형 헬멧을 착용한다. 뿐만 아니라 물체를 가급적 유선형으로 만드는 작업은 사이클 자체에도 여러 군데 적용된다.

　사이클의 프레임은 보통 원형 파이프로 만들지만, 이들을 모두 유선형 단면으로 만들면 항력을 꽤 많이 줄일 수 있다. 원형 파이프가 발생시키는 항력은 그보다 열 배 굵은 유선형 물체가 발생시키는 항력과 같다. 프레임뿐 아니라 바퀴살도 공기에 대해 상대운동을 한다. 바퀴가 돌아가면서 바퀴살에 의해 발생하는 회전항력을 줄이기 위해 여러 개의 바퀴살 대신 하나의 원판으로 만든다. 얼핏 보기에는 바퀴가 육중하고 답답해 보이지만 실험적으로나 해석적으로 항력감소 효과가 있다고 한다.

사이클 선수는 경주 요령을 통해서도 공기항력을 줄일 수 있다. 가급적 몸을 웅크려서 앞바람에 노출되는 전면적^{front area}을 줄여야 한다. 또한 앞 선수 뒤에 바짝 따라붙어 앞 선수 뒤에 생기는 후류 속으로 들어가는 것이 좋다. 물체 뒤에 생기는 후류는 보통 압력이 낮기 때문에 뒤에 따라오는 선수가 그 속으로 진입하면 힘들이지 않고 앞으로 당겨지는 효과를 얻을 수 있다. 사이클 경기에서는 이것을 테일게이팅^{tailgating}, 즉 꽁무니 좇기라고 한다.

스프츠 분야를 비롯해 비행기와 자동차 등 각종 기계에서 항력을 줄이려고 노력하는 경우가 대부분이지만, 반대로 유체의 항력을 늘리려는 경우도 있다. 낙하산을 타고 떨어질 때 공기저항을 크게 하면 작은 낙하산으로도 천천히 안전하게 떨어질 수 있다. 스카이다이버들은 자신의 몸을 활짝 펼침으로써 공기항력을 크게 하여 낙하속도를 줄일 수 있다. 이렇게 하면 좀더 천천히 자유낙하하면서 좀더 오랜 시간 동안 스카이다이빙을 즐길 수 있다. 이밖에도 항력이 커서 좋은 경우가 하나 더 있다.

나는 비가 올 때면 늘 공기의 항력에 감사한다. 비구름은 보통 지상에서 수 킬로미터 위에 있는 대기권에 위치한다. 5킬로미터 상공의 비구름에서 빗방울이 지상으로 떨어지고 있다. 이때 공기저항을 무시하면 지상

에 도달할 때 빗방울의 속도는 약 313m/s다. 음속에 버금가는 속도다. 총알과도 같은 이 괴속의 유체 덩어리를 맞고 살아남을 사람은 아무도 없다.

비가 온다는 예보가 있으면 절대로 밖으로 나가서는 안 된다. 건물의 지붕은 철판으로 두껍게 만들어야 하고, 두려움에 떨며 쏟아지는 빗방울의 요란한 소리를 들어야 한다. 그럼에도 웬만한 건물들은 빗방울 세례를 받아 온통 곰보가 될 것이다. 비가 완전히 갠 후 나가보면 땅에는 수없이 많은 구멍들이 나 있고, 쑥대밭이 된 여기저기에는 빗방울을 맞고 죽은 동물들이 즐비하게 널려 있을 것이다.

이런 일이 생기지 않을 만큼 빗방울의 크기나 공기의 점성계수가 결정되어 있는 것은 레이놀즈수와 유체항력까지도 깊이 이해하고 있는 자연의 조화일 거라 생각하니 그저 감탄스럽고 감사할 따름이다.

4부

공학자의 생각

1
사고실험
상상력 폭발

　내가 대학에 다니던 1970년대에는 나라도 가난하고 대학도 가난했다. 공과대학에는 시설이나 실험장비가 거의 없어서 학생들은 변변한 실험조차 해보지 못했다. 외국 차관으로 들여온 값비싼 장비들이 있기는 했지만 아무나 만져볼 수 있는 것이 아니었다. 실험장비가 있다 하더라도 운전비용이나 재료비 예산이 별로 없었기 때문에 고가의 장비들은 거의 전시용이었다. 학생들이 실험장치를 만져보는 일은 거의 없었고, 특별히 있다 해도 조교가 시범을 보이는 정도가 고작이었다.

　어쨌든 실제로 실험을 할 수 없기 때문에 모든 실험은 머릿속으로 해야 했다. 덕분에 옛날 학생들이 경험은 부족해도 오히려 상상력은 더 발달했는지 모르겠다. 유체역학 교과서에 나오는 레이놀즈의 관로 실험을 상상 속에서 수행한다. 머릿속에 물이 흘러가는 투명한 관을 그리고, 그 안에 파란색 잉크를 조금씩 주입하면서 사고실험을 시작한다. 물의 속도를 증가시키면 주입한 잉크 모양은 어떻게 될까? 속도가 아주 느리거나 꿀처럼 끈끈한 상태라면 잉크는 관 전체로 섞이지 않고 층을 만들며 얌전히 흐를 것이고, 물의 속도가 빨라지면 잉크가 관 내에 뒤섞여 온통 파랗게 변하는 모습을 충분히 상상할 수 있다.

고체역학이나 동역학 실험도 마찬가지다. 막대기 형태의 재료 시편을 잡아당기면 조금씩 늘어나기 시작하고, 계속 당기면 항복점yield point에 도달해 결국은 재료가 파괴되는 장면을 상상할 수 있다. 머릿속에는 마치 슬로우비디오를 보듯이 항복하는 시점에 재료가 엿가락을 잡아당길 때처럼 허리가 잘록해지면서 길게 늘어나다가 결국 끊어지는 장면이 떠오를 것이다. 엿가락을 잡아당겨본 사람이라면 철제 재료에 대해서도 생생하게 상상할 수 있다. 머릿속 실험으로 정량적인 결과 데이터는 얻을 수 없어도 물리현상을 정성적으로 이해하거나 예상할 수는 있다.

이와 같이 무슨 실험이든지 생각 속에서 수행하는 실험을 사고실험thought experiment이라고 한다. 어떤 상황을 가정해 그때 발생할 수 있는 결과를 선험적으로 예상하고 시뮬레이션하는 것이다. 사고실험은 철학과 물리학에서 실험이나 관찰을 통한 경험적 방법에 대응하는 개념으로 종종 활용되어왔다. 직접 실험하는 것은 아니지만 자신이 가지고 있는 일반적인 지식과 삶의 경험에 근거한 감, 논리적인 사고능력을 총동원해 나름대로 의미 있고 정확한 실험결과를 얻을 수 있다. 사고실험은 접근방법의 타당성을 검증하고 논리적인 모순을 발견하는 데도 유용하다.

역사적으로 사고실험의 예는 많이 있다. 갈릴레오가 피사의 사탑에서

했다는 자유낙하 실험도 실제로 물체를 떨어뜨린 것이 아니라 사고실험일 가능성이 크다. 그는 자유낙하에 관한 사고실험을 통해 물체가 무거울수록 빨리 떨어진다는 당시 통념에서 논리적 모순점을 발견했다. 같은 무게를 갖는 두 개의 쇠구슬을 서로 연결해 떨어뜨릴 때와 연결하지 않고 떨어뜨릴 때를 머릿속으로 상상해보면 두 경우의 차이를 쉽게 발견하기 어렵다. 둘을 연결하건 하지 않건 낙하속도가 다를 리 만무하기 때문이다.

또다른 유명한 사고실험으로 양자역학의 불완전함을 보인 슈뢰딩거의 고양이와 열역학 제2법칙을 위배하는 맥스웰의 도깨비 등이 있다. 양자역학에서는 관측되지 않은 입자에 대해서 붕괴된 입자와 붕괴되지 않은 입자의 중첩으로 설명한다. 슈뢰딩거의 고양이는 상자 속에 갇혀 보이지 않는 고양이를 죽어 있을 확률과 살아 있을 확률의 중첩으로 설명할 수 있는지 질문하는 사고실험이다.

맥스웰의 도깨비는 기체 분자의 운동속도를 구분할 수 있는 도깨비가 엔트로피를 감소시킬 수 있는가 하는 사고실험이다. 어떤 고립된 공간에 기체 분자들이 있다면 시간이 흐름에 따라 이들의 운동속도는 서로 같아질 텐데(엔트로피 증가), 분자들의 운동속도가 섞이지 않도록 해줄 능력자 도깨비가 있어 엔트로피를 줄일 수 있다면? 맥스웰은 고립된 공간에서 엔트로피는 절대로 감소하지 않는다는 열역학 제2법칙을 깰 수 있는지에 대해 사고실험을 한 것이다.

요즘은 공과대학에 실험장비도 많고 예전에 비해 실험도 많이 한다. 그렇다 하더라도 모든 실험을 다 해볼 수는 없고 또 그럴 필요도 없다. 시간을 절약하고 사고력을 높이기 위해 종종 사고실험을 하면 좋을 것이다. 역사적인 사고실험처럼 대단한 실험이 아니어도 된다. 이론으로 배우는 여러 가지 현상이나 상황들을 상상하기만 해도 충분하다. 단순히 머릿속으로 그려보는 것만으로도 많은 것에 대해 감을 잡고 이해할 수 있다.

과학 실험뿐 아니라 하루 일과, 더 나아가 자신의 인생에 대해 사고실험을 해보는 것도 좋다. 아침에 일어나면 하루 일과를 머릿속으로 시뮬레이션한다. 오늘 예정된 중요한 행사에서 일어날 일들을 처음부터 끝까지 세세하게 따라가며 머릿속으로 주변의 상황과 다른 사람들의 반응을 살핀다. 이렇게 시뮬레이션을 거치면 준비 상황을 꼼꼼히 점검할 수 있고 일어날지도 모를 문제에 미리 대처할 수 있다.

자신이 죽을 때까지의 삶을 시뮬레이션해보는 것도 의미가 있을 것이다. 특히 숨을 거두는 순간 또는 죽은 이후 자신의 장례식에 대해 사고실험을 해보면 그때까지 어떻게 살아야 할지 많은 생각을 하게 된다. 내 장

레식에는 누가 참석할까, 그들은 내 곁으로 다가와 어떤 반응을 보일까, 나는 그들에게 도움이 되는 존재였을까, 나는 후회 없이 살았을까.

사고실험은 지금 이 순간 내게 일어나고 있는 일들을 더 세심하게 감지할 수 있도록 해주기도 한다. 천천히 걸으면서 발바닥으로 지면의 감촉을 느끼고 몸무게 중심이 이동하는 것을 느낀다. 지구와 내가 교감하면서 중력을 매개로 서로 힘을 주고받는다. 지그시 눈을 감고 따스한 태양의 온기와 시원한 바람을 느끼면 더욱 좋다. 들이마신 숨은 콧구멍으로 들어와 기도를 지나 허파에 도착한다. 신선한 공기는 산소를 폐포에 전달하고 더러워진 배출물을 날숨에 실어 외부로 내놓는다. 들숨과 날숨을 서서히 반복하면서 단전이 따뜻해짐을 느낀다. 물을 마실 때는 물이 식도를 타고 위로 내려가 온몸으로 퍼지는 것을 느낀다. 몸속에 들어온 물은 피를 맑게 하고 묽어진 피는 점성이 낮아져 말단 혈관까지 막힘없이 순환한다. 마치 자신이 마이크로 로봇이 된 듯 혈관을 돌아다니며 구석구석 살펴볼 수도 있다.

이렇듯 우리는 상상만으로도 많은 일들을 할 수 있다. 해보지 않은 일들을 머릿속에서 예측하고 경험한다. 무엇보다 나의 마음을 들여다보며 나의 감정을 읽을 수 있다. 사고실험이라는 명상을 통해 스스로를 들여다보고 우주의 섭리도 꿰뚫어보면 어떨까.

2
컴퓨터 사용기 1
청계천밸리의 파인애플-11

공과대학에 입학하고 포트란*이란 프로그래밍 과목을 수강했다. 학생 실습용 컴퓨터가 없다가 그 무렵 외국 차관 덕분에 실습용 컴퓨터가 마련되고 컴퓨터 실습과목이 처음으로 생겼다. 이전까지의 컴퓨터 프로그래밍 과목은 논리와 이진법에 관한 이론수업이 전부였다.

포트란 수업시간에 주어진 첫 번째 실습과제는 1부터 100까지의 정수를 합산하는 프로그램을 작성해 컴퓨터를 '돌리라'는 숙제였다. 어떻게 컴퓨터를 돌리라는 말인지 몰라서 일단 컴퓨터실에 가서 구경부터 하기로 했다. 컴퓨터실에 도착하니 문에는 무시무시한 해골 그림과 함께 '관계자 외 출입엄금'이라고 쓰여 있어서 감히 들어갈 엄두도 내지 못했다.

그저 유리창을 통해 컴퓨터실을 들여다보니 커다란 컴퓨터와 오퍼레이터의 모습이 보였다. 흰 가운을 입고 일하는 오퍼레이터의 모습은 가히 첨단을 달리는 과학자의 모습 바로 그것이었다. 공대생들은 부러움과 선망의 눈길로 그 모습을 바라보았다.

들어갈 수가 없는데 저 안에 있는 큰 컴퓨터를 어떻게 돌릴 수 있겠는가. 여기 저기 물어보니 OCR(광학문자판독) 카드*를 구입해서 거기에 키펀치를 이용해 한 줄씩 프로그램을 타이핑하라는 말이었고, 그것을 오퍼레이터에게 의뢰하면 빠르면 다음날 결과물을 찾을 수 있었다. 프로그램 한 줄이 한 장의 OCR 카드에 기록된다. 여러 장의 OCR 카드가 프로그램 순서대로 정렬되어 있어야 하므로 카드들을 노란 고무밴드로 묶어서 들고 다녔다.

공대생들을 제외하고는 컴퓨터를 접할 수 있는 사람들이 거의 없었기 때문에 OCR 카드를 들고 다니는 것만으로도 공대생들이 자부심을 갖기에 충분했다. 더구나 프로그램이 복잡하고 길어질수록 카드 수가 많아지기 때문에 카드 데크의 두께는 그 학생의 실력을 말해주는 듯이 보였다.

공대생들은 미팅할 때도 들고 다니면서 은근히 과시하기도 했다. 그러다가 묶고 있던 고무줄이 끊어지는 바람에 카드의 순서가 흐트러지는 황당한 일을 겪기도 했다.

그러다가 1980년대부터는 OCR 카드 대신 모니터 앞에 앉아 키보드로 직접 입력할 수 있게 되었다. 당시의 라인 입력 프로그램은 한 줄씩 고칠 수 있는 원시적인 입력 프로그램이라서 지금처럼 커서를 아래위로 마음대로 움직일 수 있는 페이지 입력 프로그램과는 비교가 되지 않을 정도로 불편했다. 하지만 온라인 잡online job을 실행할 수 있다는 사실은 혁명에 가까웠다. 배치 잡batch job을 신청하면 며칠씩 걸리던 것이 앉은 자리에서 결과를 확인하고, 에러가 있으면 그 자리에서 수정해 다시 실행시킬 수 있으니 말이다.

그즈음 개인용 컴퓨터가 만들어지기 시작했다. 마이크로프로세서를 공부하던 스티브 잡스Steve Jobs(1955~2011)와 스티브 워즈니악Steve Wozniak(1950~)이라는 두 명의 젊은이가 처음으로 개인용 컴퓨터를 만들었다. 사과를 한 입 베어 먹으면서 그 이름을 애플Apple이라고 지었다. 애플이 사람들의 주목을 받기 시작한 것은 두 번째 버전인 애플-II가 세상에 나오면서부터다.

우리나라의 '청계천밸리'에서도 몇 달 지나지 않아 카피 버전이 만들어졌다. 애플의 상표권을 존중해 청계천 고수들은 그 이름을 파인애플-II라고 지었다. 애플-II가 연한 노란색인데 파인애플-II는 약간 덜 익은 듯한 연두색이었다.

40년 전이지만 당시에도 매스컴은 PC를 이용하면 앞으로는 집에서도 복잡한 계산을 할 수 있고 모든 기계를 제어할 수 있는 세상이 올 거라고 연일 보도했다. 나는 방송의 위력을 등에 업고 부모님께 컴퓨터를 사달라고 조르기 시작했다. 집에 있는 전등을 자동으로 껐다 켰다 할 수 있고(따지고 보면 그럴 필요도 별로 없다) 결정적으로 공학 숙제를 하려면 앞으로는 컴퓨터가 꼭 필요하다고 부모님을 설득했다.

부모님이 속아주신 덕분에 우리 형제는 파인애플-II를 장만할 수 있었고, 컴퓨터를 쓰느라 몇날며칠 밤을 샜다. 그럴 수밖에 없던 것이 저장장치가 없었기 때문에 한 번 껐다 켜면 프로그램을 처음부터 새로 작성해야 했다. 프로그램이라고 해봐야 주로 원을 그리거나 사각 막대기를 움직이는 등 초보적인 것이었다. 그럼에도 불구하고 이들을 연결한 간단한 블록격파 게임을 만들어서 하루 종일 놀곤 했다.

다행히 그즈음에 일반 카세트 녹음기를 이용해 프로그램이나 데이터 저장하는 방법을 알아내 사정이 조금 나아졌다. 컴퓨터 뒤를 보면 아날로그 신호출력 단자가 있었는데, 이 단자에서는 찌-이-익 하는 모뎀이 내는 것과 같은 소리가 났다. 이 소리를 카세트 녹음기에 녹음했다가 다음날 아날로그 입력단자로 입력하면 신기하게도 소리를 타고 프로그램이 컴퓨터로 다시 로딩되었다. 당시 드라이브나 프린터 같은 주변장치는 워낙 귀하여 가격이 상당히 비쌌다.

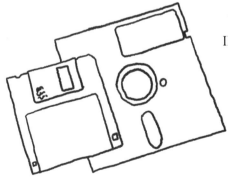

그러다가 미국으로 유학을 가면서 IBM PC를 처음 접했다. 파인애플로 장난만 치던 수준에서 벗어나 실제로 학업에 관계된 일을 할 수 있었다. 그렇게 갖고 싶었던 5.25인치 플로피 드라이브는 거의 환상이었다.

지금도 크르크르 소리를 내며 도도하게 돌아가던 플로피 드라이브의 소리가 귓가에 생생하다. 5.25인치 플로피 디스켓은 비교적 최근까지 사용되던 딱딱한 3.5인치 플로피 디스켓보다 좀더 크고 종이처럼 휘어질 수있었다.

플로피 디스켓을 디스크 드라이브에 넣은 후에는 반드시 수동 잠금장치로 잠가야 했다. 당시 PC에는 드라이브가 두 개 있어서 드라이브 A에는 도스DOS시스템 디스켓을, 또 다른 드라이브 B에는 내 파일용 디스켓을 넣고 작업했다.

1984년 80286 마이크로프로세서를 장착하고 하드디스크까지 내장한 IBM AT가 나왔는데, 처음에는 화면 스크롤 속도가 너무 빨라 애를 먹었다. 그때 나는 이렇게 눈이 따라가지 못할 정도로 컴퓨터가 빠를 필요가 있을까 의문을 가지기도 했다. 이후 386, 486 등 새로운 컴퓨터의 출시 주기는 점점 빨라졌다.

이전까지는 주로 공학 계산에 사용하던 컴퓨터를 점차 문서 작성에도 활용하게 되었다. 숙제나 보고서도 도트 프린터로 출력해 제출했다. 종이 양쪽에 구멍이 줄을 지어 뚫려 있는 컴퓨터 용지에 타자기로 찍어낸 것 같은 폰트라 보고서가 마치 프로그램 출력물처럼 보이기는 했지만, 파일이 컴퓨터에 저장되어 있어 계속 수정할 수 있다는 큰 장점이 있었다. 공대생들은 보고서에 들어가는 그림이나 그래프들도 아쉬운 대로 한 가지 폰트로 된 아스키 문자 세트를 이용해 그럴듯하게 만들어냈다.

여전히 주변에는 '컴맹'이 많았고, 공대생들은 컴맹들을 비웃는 수많은 유머를 만들어냈다. 그중에는 다음과 같은 이야기도 있다.

어떤 회사의 사장이 컴맹인 비서에게 5.25인치 디스켓을 주면서 복사

아스키 문자로 그린 모나리자

해오라고 시켰다. 비서는 한참 후 시커먼 종이 한 장을 들고 와서는 이렇게 말했다.

"깨끗하게 복사하느라 시간이 좀 걸렸습니다."

비서는 디스켓을 복사기로 복사해온 것이다. 사장은 비서에게 "그게 아니고, 디스켓을 컴퓨터에 넣고 파일을 복사하라"고 친절하게 다시 일러주었다.

비서는 조금 있다가 다시 나타나 이번에는 시킨 대로 디스켓을 컴퓨터에 넣고 파일 복사를 하려는데 '장치가 준비되어 있지 않습니다'라는 메시지가 자꾸 나온다고 투덜거렸다. 이번에도 사장은 디스켓을 넣고 문을 닫았는지 반드시 확인하라고 알려줬다. 기억하는 사람은 기억하겠지만 5.25인치 드라이브에는 수동 잠금장치가 있어 이것을 꼭 잠가줘야 했다.

조금 있다가 뚜벅뚜벅 걸어가는 소리가 들리더니, 쾅 하고 방문 닫는 소리가 들렸다.

초기 컴퓨터를 모르는 사람들이라면 신기한 이야기일 것이다. 불과 20~30년밖에 지나지 않은 과거의 유머지만, 지금은 아주 먼 옛날 이야기처럼 느껴진다.

포트란FORTRAN

컴퓨터 프로그램 언어 중 하나로 과학기술 계산용 고급 프로그래밍 언어다. 1954년 IBM이 개발했으며, FORmulation TRANsposed의 합성어다. 산술적이고 논리적인 표현식을 많이 인용한 언어로 선언문, 지정문, 제어문, 입출력문 등으로 구성된다. 수학적 계산을 위한 프로그램 작성에 많이 이용됐다.

OCR과 OMR

OCR은 Optical Character Reading의 약자로 구멍이 뚫린 카드에 빛을 조사해 빛의 통과 여부로 문자나 데이터를 읽어 들이는 기술이다. 카드에 기계로 펀칭을 해야 하기 때문에 불편해서 요즘은 사용되지 않는다. OMR은 Optical Mark Reading(광학부호판독)의 약자로 연필이나 컴퓨터펜으로 마킹된 부분에 광원을 조사해 반사되는 빛으로 마킹 여부를 판단하는 기술이다. 현재 많은 시험용 답안지가 OMR 카드다.

3
컴퓨터 사용기 2
매킨토시와 윈도우란 신세계

　1980년대 중반쯤 애플 사에서 매킨토시를 출시했다. 유학하고 있던 대학에 기증된 매킨토시 덕분에 나는 새로운 개념의 컴퓨터를 초창기에 접할 수 있었다. 매킨토시는 당시 IBM PC와 달리 키보드 대신 마우스를 이용해 입력했다. 나는 새로 들어온 포장박스를 정신없이 뜯고 매킨토시의 매력에 빠져들었다. 하루 종일 테스트를 하고 프로그램을 설치한 후 해가 뉘엿뉘엿 질 즈음해서야 박스에서 키보드를 꺼내지 않았다는 사실을 깨달았을 정도로 모든 것이 마우스만으로 구동되었다.

　매킨토시는 화면에 보이는 대로 출력되는 위지위그WYSIWYG, What You See Is What You Get 방식을 구현했다. 덕분에 매킨토시로 문서를 작성하고 그림을 삽입하고 그래프를 그리는 데에 조금도 불편함이 없었다. 하지만 영어가 아닌 한글을 입력할 때는 항상 문제였다. 당시에는 많은 한국 사람들이 세종대왕을 원망하고 있었다.

로마 알파벳처럼 가로쓰기가 되어야 정보화시대에 적응할 터인데, 한글은 받침이 있는 조합문자이기 때문에 키보드로 입력할 때 어려운 점이 많았다. 그때는 한글을 풀어쓰기하자는 논의도 심심찮게 있었고, 한글을 입력하기 위해 소프트웨어적으로나 하드웨어적으로나 여러 가지 방법이 모색되고 시도되었다. 완벽하지는 않아도 국내외 개인 개발자들이 여러 가지 매킨토시용 입력키를 개발하기도 했다.

나는 유학 당시 매킨토시용 한글 입력코드를 하나 손에 넣을 수 있었고, 이것을 이용해 한인 성당에서 엉성하게나마 주보를 발행했다. 손으로 일일이 작성하던 전례내용과 안내문을 컴퓨터를 사용해 작성하니 신도들의 반응이 아주 좋았다. 매주 일요일 아침 미사시간에 배포할 주보를 작성하느라 토요일 밤을 새는 경우가 많았지만, 공대생이 할 줄 아는 것으로 교포 사회에 조금이나마 기여할 수 있다는 사실에 보람을 느꼈다. 그 덕분에 타자속도가 많이 늘었다.

개인용 컴퓨터의 개념을 정립하는 과정에서 IBM이 대형컴퓨터 시스템에서 필요 없는 기기를 하나씩 정리하고 점점 간소하게 만들어 책상 위에 올려놓고자 했다면, 애플은 마이크로프로세서부터 시작해 필요한 주변기기를 하나씩 붙여가면서 시스템을 구축하고자 했다.

서로 다른 방향에서 추진해온 IBM과 애플이 1980년대 중반 만나게 되었고, 서로 좋은 경쟁상대가 되었다. 매킨토시 OS에 자극을 받은 마이크로소프트MS에서도 도스에서 벗어나고자 윈도우를 출시했다. 이제 PC는 문자 위주에서 그림 위주로 바뀌기 시작했다. 도스 명령어를 몰라도 마우스만 움직일 줄 알면 되었다. 미국인들이 그토록 자랑스럽게 생각하던 디스크 운영체계Disk Operating System, DOS인 도스가 더 이상 필요 없게 되었다. 니체의 까마득한 후배 빌 게이츠는 이 사실을 받아들여야 했다.

"도스는 죽었다DOS ist tot."

엉성하던 윈도우3.1은 여러 문제점이 보완되면서 윈도우95, 윈도우98, 윈도우2000 등 차츰 매킨토시 OS와 견줄 수 있을 정도의 운영체제로 발전했다. 윈도우에 관해서도 많은 유머가 만들어졌다. 고풍스러운 이야기를 또 하나 소개하겠다.

어느 대학에 컴맹 교수가 있었는데, 하루는 컴퓨터가 고장나서 수리하는 사람을 불렀다. 이 사람이 컴퓨터를 조사하면서 하드디스크에 있는 파일들을 들여다보니 파일명이 '독수리.hwp', '앵무새.hwp'처럼 모두 새의 이름으로 되어 있었다. 이 사람이 "교수님께서는 새를 연구하시나 보죠?"하고 교수한테 물어보니 교수가 이렇게 대답했다.

"그게 아니고…, 사실은 나도 이 문제 때문에 고민하고 있다네. 파일을 저장하려고 할 때마다 '새 이름으로 저장'이라고 뜨는데, 이제 더 이상 생각나는 '새' 이름이 없어서 말이야."

20~30년 전만 해도 컴퓨터를 작동하거나 프로그램을 작성하는 일은 공대생 이외의 일반인들에게는 가능하지도 않았고 그럴 필요도 없었다. 컴퓨터는 말 그대로 계산compute하는 기계에 불과할 뿐 장차 통신communicate하는 기계로 발전하리라고는 상상도 하지 못했다.

처음에는 연산작업을 빠르게 하기 위해 개발된 계산기가 차츰 문서 작성을 위한 워드 프로세서로 그리고 이미지 편집을 위한 이미지 프로세서로 변신하더니, 이제는 동영상을 비롯해 3차원 가상현실을 구현할 수 있는 멀티미디어 기기로 발전했다.

이뿐인가. 수많은 컴퓨터들이 서로 인터넷으로 연결되고 게임과 같은 가상의 디지털 세상이 구름cloud 속에 만들어지면서 현존하는 실제 아날로그 세상을 하나씩 대체해가고 있다. 컴퓨터의 능력은 어디까지 발전할까. 앞으로도 호기심을 가지고 지켜볼 일이다.

4
머피의 법칙
나만 재수가 없어…

세상일은 대부분 안 좋은 쪽으로 일어나는 경향이 있는데, 사람들은 이를 머피의 법칙Murphy's law이라고 부른다. 살다 보면 하필 빵의 버터를 바른 면이 항상 바닥을 향해 떨어진다거나 하필 내가 선 줄이 가장 늦게 줄어든다거나 하는 일이 많다. 자꾸 겪다 보면 나한테만 이런 일이 생기는 것 같아 마음이 편치 않다.

그런데 머피의 법칙은 세상을 비관적으로 본다는 부정적인 측면도 갖고 있지만, 또 한편으로는 '법칙'이라는 표현답게 이 유쾌하지 않은 일들이 누구에게나 일어나는 보편적인 현상임을 알려주므로 조금은 위안을 준다.

머피의 법칙은 미공군 엔지니어였던 에드워드 머피Edward Murphy(1918~90)

가 했던 어느 실험에서 유래된 이후 수없이 많은 버전으로 파생되고 발전되어왔다. 이제 우리는 머피의 법칙을 통해 뜻하지 않은 나쁜 결과를 그냥 재수없는 현상으로 치부하는 것이 아니라 심리적이거나 통계적으로, 또 과학적으로 설명할 수 있게 되었다. 머피의 법칙에 따르면 '운 나쁜 일'들도 다음과 같이 세 가지 경우로 분류할 수 있고 왜 그런 일이 일어나는지 논리적으로 이유를 제시할 수 있다.

첫째 서두르고 긴장하다가 실수하는 바람에 실제로 일이 잘못될 확률이 높아진다. 긴급한 이메일을 보내려는데 멀쩡한 키보드에 커피를 쏟거나 중요한 미팅에 급히 가다가 넘어지는 바람에 옷을 망쳐버린다든가 하는 것이다. 머피의 법칙을 연구하던 소드Sod는 1,000명을 대상으로 설문조사를 했다. 조사결과 긴급하고, 중요하고, 복잡할수록 일이 잘못될 확률이 높아짐을 발견하고 이를 수식으로 표현하기도 했다.

사람들은 일이 잘못될 수도 있다는 사실을 아는 순간 평소와 다르게 행동하며, 따라서 실수할 확률도 높아진다. 일이 잘못될 경우 치명적이라고 생각하면 더욱 긴장하고 불안해진다. 따라서 이러한 사태를 줄이려면 아무리 급해도 자기 자신뿐 아니라 컴퓨터에게도 자신이 급하다는 사실을 절대 눈치채게 해서는 안 된다. 그런 때일수록 태연하게 행동하고 평상심을 유지해야 한다.

둘째 실제 잘못될 확률은 50퍼센트지만 심리적 기대치가 높아서 잘못될 확률이 훨씬 높게 인식되는 경우다. 한편으로 이것은 인간의 선택적 기억에서 기인한다. 일이 잘됐을 때 생긴 좋은 기억은 금방 잊히지만, 일이 잘못됐을 때 생긴 안 좋은 기억은 머릿속에 오래 남는다. 또 지나친 기대를 섞어 비교대상을 선정했을 때도 이런 경우가 생긴다. 정체된 도로에서 자신이 속한 차선이 유난히 정체가 심하다고 느끼는 것은 앞서가는 옆 차선 차량과 비교하기 때문이다.

내 차와 옆 차선의 차가 아래 그림 1과 같이 20초를 주기로 가다서다를 반복하고 있다고 생각해보자. 두 차의 속도는 위상차를 갖고 주기적으로 변하며 평균속도는 10m/s로 동일하다. 이때 주행거리는 속도 그래프를 적분한 그래프 밑면의 면적에 해당한다. 그래프가 보여주듯이 두 차량은 동일 지점에서 시작해 가다서다를 반복하는 동안 동일한 거리를 주행한다. 그러나 주행과정을 비교하면 옆 차에 비해 내 차가 항상 뒤처져 있는 것을 알 수 있다. 그림 2를 보면 내 차가 앞서가는 시간은 1주기

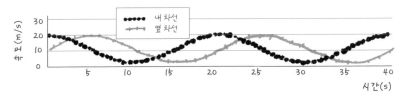

그림 1 내 차와 옆 차선 차의 속도

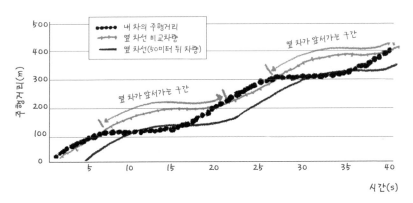

그림 2 내 차와 옆 차선 차의 주행거리

276

20초 중 5초에 불과하다. 나머지 15초는 옆 차가 내 차보다 앞서서 달린다. 그러니 그 차와 비교하면 내가 선택한 차선에 불만을 가질 수밖에 없다.

그러나 내가 비교대상으로 삼던 옆 차 대신 그 차와 같은 차선에서 약 50미터 뒤를 따라오고 있는 차를 비교대상으로 삼으면 상황은 반대가 된다. 그림 2에서 회색 선으로 표시된 것처럼 그 차는 항상 나보다 뒤에서 달리고 있다. 그 차 운전자는 오히려 내 차를 보면서 자신이 택한 차선이 불만스러울 것이다. 즉 비교대상을 어떻게 설정하느냐에 따라 머피의 법칙이 될 수도 있고 거꾸로 '샐리의 법칙'(내가 바라는 대로만 일이 일어나는 현상)이 될 수도 있다.

셋째 실제 필연의 확률이 높은데 우연일 것으로 착각하는 경우다. 이 경우도 과학적으로나 통계학적으로 설명할 수 있다. 태양은 동서남북 어디서든지 뜰 수 있는데 왜 하필 동쪽에서만 뜨는가 하고 불평하는 사람은 아무도 없다. 그렇게 되기로 결정되어 있기 때문이다. 이러한 문제를 결정론적 문제라고 한다. 반면 바람이 어느 방향에서 불어올 것인가는 무작위적이다. 뉴턴은 천체의 운동이나 물체의 움직임에 관한 과학적 법칙을 연구해 자연현상을 모두 결정론적으로 설명하려 했다. 이에 반해 예측이 불가능하고 무작위적인 것을 '카오스'라고 한다. 실제 자연현상은 결정론적인 것과 무작위적인 것이 복합적으로 나타난다. 일상용어로 표현하면 '우연'과 '필연'이 공존한다.

버터를 바른 빵이 식탁에서 떨어지는 모습을 생각해보자. 축구경기에서 선공을 정하려고 동전을 던질 때와 달리 이 경우는 앞뒷면이 결정될 확률이 50퍼센트가 아니다. 여기에는 우리가 제대로 인지하지 못하는 가

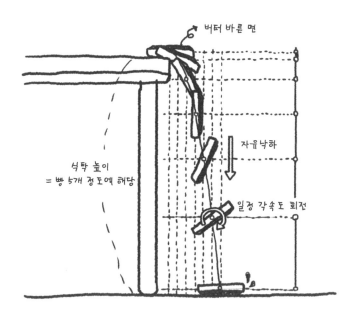

버터 바른 면

자유낙하

일정 각속도 회전

식탁 높이
= 빵 5개 정도에 해당

버터 바른 빵이 식탁에서 떨어지는 과정

정과 조건이 여럿 숨어 있기 때문이다.

예를 들어 식탁의 높이가 약 75센티미터고 빵의 크기가 약 15센티미터라는 가정, 지구의 중력가속도가 9.8m/s^2이라는 조건, 빵과 식탁 사이의 마찰계수가 일정 범위 내에 있다거나 주위에 공기 유동이 거의 없다거나 하는 가정들이 이미 여러 개 주어져 있다. 게다가 버터를 바른 면이 식탁 위에 있을 때 항상 위를 향하고 있다는 초기 조건도 있다. 버터를 발라서 굳이 접시에 엎어놓는 경우는 거의 없을 테니까 말이다.

이러한 조건들이 주어진 상태에서 빵이 식탁에서 떨어지도록 가해진 외력(외부에서 주어진 힘)이나 떨어지는 순간 빵과 식탁 사이의 마찰력에 의해 회전력, 즉 토크torque가 발생한다. 이 토크에 의해 빵은 자유낙하하면서 일정한 회전각속도를 갖고 돈다. 결국 바닥에 닿을 때까지 몇 바퀴를 회전할 것인가 하는 것이 문제의 핵심이다.

엎어져서 떨어진다는 것이 꼭 정확하게 180도를 회전한다는 것은 아니다. 회전 각도가 90~270도 사이로 떨어지면 버터를 바른 면이 바닥을 향한다. 옆 페이지 그림은 빵이 떨어지는 과정을 시뮬레이션한 결과다. 물론 떨어지는 과정에서 식탁이 흔들린다거나 손으로 세게 쳐서 떨어지게 된다거나 바람이 갑자기 분다거나 하는 등 외부 교란 변수에 따라 회전각이 다소 바뀔 수는 있다. 하지만 회전각이 270도를 넘거나 90도에 못 미치는 경우는 극히 드물다. 다시 말해 식탁의 높이, 빵의 크기, 중력의 세기 등 우리에게 주어진 조건 아래에서 버터를 바른 면이 바닥을 향하는 것은 재수없는 우연이 아니라 그렇게 되게끔 결정되어 있는 필연인 셈이다.

머피의 법칙은 뉴턴의 법칙이나 케플러의 법칙과 같이 완전한 과학법칙의 범주에 들지는 않지만 심리적 현상과 통계적 현상이 복합되어 나타나는 일종의 과학법칙이다. 또 나에게만 일어나는 재수없는 일이 아니라 누구에게나 일어나는 보편적 법칙이다. 그러니 왜 내게만 이런 일이 생기냐고 한탄하지는 말자.

5
풀 프루프 설계
바보를 피하는 법

　조종사들을 대상으로 여러 가지 실험을 하던 에드워드 머피는 사소한 실수가 치명적인 결과를 가져온다는 사실을 누구보다 잘 알고 있었다. 만약에 실험장치 전원의 음극과 양극이 반대로 연결되기라도 하면 장치는 완전히 타버릴 것이다. 작은 실수도 용납할 수 없었던 머피는 항상 불안해했다. 머피는 절망 속에서 다음과 같이 말했다.

　"무슨 일을 하려고 하는데 두 가지 이상의 방법이 있고 그중 하나가 매우 재앙적인 결과를 가져온다면, 그 일은 반드시 일어나고 만다."

　실험을 하다 보면 실험방법 결정부터 아주 사소한 조작문제에 이르기까지 끊임없이 결정을 해야 한다. 회전축을 오른쪽으로 돌릴지 왼쪽으로 돌릴지, 물을 먼저 넣고 용액을 섞을지 용액을 먼저 넣고 물을 부을지, 전원을 먼저 연결하고 스위치를 켤지 스위치를 켜놓고 전원을 넣을지, 두 가닥의 전깃줄을 나란히 연결할지 반대로 연결할지 크고 작은 경우의 수가 수없이 많다. 이렇게 결정해야 할 부분이 한두 가지가 아니므로 확실히 기억해놓지 않으면 난감한 일이 생긴다.

전선에 음극과 양극을 미리 표시해놓았다면 좋았으련만 미처 표시를 해두지 않으면 두 가지 연결방법을 놓고 고민하게 된다. 약한 전류가 흐르는 신호선이라면 우선 연결해보고 아니다 싶으면 다시 반대로 연결해도 큰 문제가 없다. 그러나 고압의 직류전원을 공급하는 전력선에서 음극과 양극이 바뀌면 실험장치에 심각한 문제가 생길 수 있다.

늘 실험을 수행해왔던 머피가 생각하기에 일이 잘못될 가능성이 있다면, 항상 잘못됐다. 세상일을 비관해서가 아니다. 전극을 잘못 연결할 때처럼 사소한 실수로 큰 낭패를 볼 수 있기 때문이다. 그러므로 잘못될 확률이 조금이라도 있으면 잘못될 경우 생길 치명적인 결과를 생각해 정말 신중해야 한다.

일상생활에서 흔히 볼 수 있는 소형 가전제품들은 직류전원을 사용하는 경우가 많다. 이런 제품에 건전지를 거꾸로 넣거나 전원을 거꾸로 연결하면 고장이 나버린다. 사용할 때마다 음극인지 양극인지 신경써야 하고, 한순간의 실수로 전극을 잘못 연결해 값비싼 기계를 통째로 망가뜨리면 얼마나 성가시고 황당할까.

하지만 다행스럽게도 잘 설계된 제품은 이런 일을 미리 방지한다. 대부분의 컴퓨터 전원공급 단자는 동심원이 겹쳐진 모양으로 되어 있는데, 중심과 주변이 각각 다른 전극과 연결되도록 만들어진 것이다. 이렇게 음극과 양극을 서로 다른 모양으로 만들어 반대 방향으로는 아예 연결할

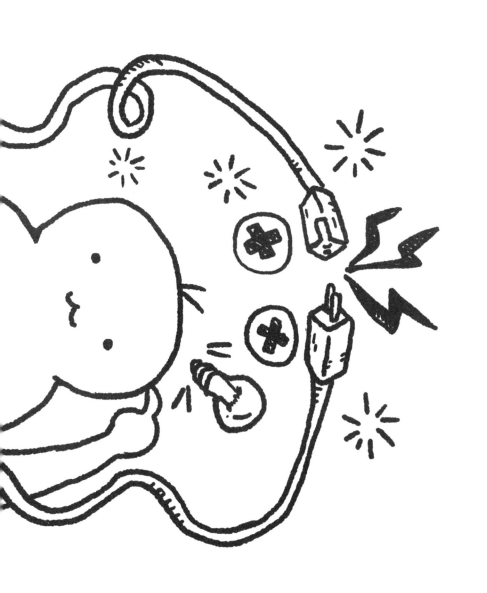

수 없도록 설계한 덕분에 우리는 가전제품에 전원을 연결할 때 특별히 신경쓰지 않고 아무 생각 없이 꽂히는 쪽으로 그냥 꽂으면 된다.

이러한 실수방지 설계를 풀 프루프 fool-proof 설계 또는 이디엇 프루프 idiot-proof 설계라고 한다. 제품을 잘못 사용하지 않도록 설계단계에서 미리 조치하고, 설사 잘못 사용하더라도 치명적인 문제가 발생하지 않도록 방어적으로 설계하는 방식이다. 여기서 프루프란 흔히 알고 있는 '증명한 다'란 뜻이 아니라 '방지한다'는 뜻으로 여러 곳에서 쓰이는 표현이다. 예를 들어 워터 프루프 water-proof는 방수防水고, 불렛 프루프 bullet-proof는 방탄防彈이다. 그렇다면 풀 프루프는 바보를 방지한다는 뜻이므로 방防바보 또는 방치防癡로 표현하면 될까?

그러나 바보를 우습게 봐서는 안 된다. 세상에는 별의별 바보가 다 있고, 또 그 바보들이 여간 똑똑한 게 아니기 때문이다. 완벽한 바보 방지 설계를 위해서는 세상의 바보들이 생각할 수 있는 황당하고 기상천외한 온갖 경우에 대비해야 한다. 아무리 훌륭한 엔지니어라도 상상을 초월할 정도로 똑똑한 바보들을 이겨내기 어렵다. 생각지도 못한 희한한 방법으로 제품을 사용하고 기발한 방법으로 제품을 망가뜨리기 때문이다.

제품을 여러 가지 위험으로부터 보호하기 위한 방어설계에는 다양한 분야가 있다. 물이 스며드는 것을 방지하는 방수설계, 습기를 막는 방습 설계, 소음을 차단하는 방음설계, 진동을 막아주는 방진설계, 충격을 방지하는 방충격설계, 녹이 안 슬게 하는 방청설계 등이 있다. 그러나 자연재해나 물리적 현상을 방지하는 것보다 지적능력을 가진 '바보'를 방지하는 설계가 가장 어렵다. 그러므로 방치설계야말로 고도의 지적능력이 요구되는 스마트 시대의 유망한 엔지니어링 분야일 것이다.

6
컨설팅
우리의 몸값

　박사학위를 받은 후 대학에 박사후 연구원으로 있으면서 한동안 미니 애폴리스에 있는 한 엔지니어링 회사에서 기술 컨설팅*을 한 적이 있다. 건물외피로 쓰이는 알루미늄 커튼월*을 구조적으로 해석하고 설계하는 회사였다. 나는 주로 설계된 커튼월에 대해 결로 해석과 열전달 해석을 수행했다. 고층건물의 커튼월 설계가 잘못되면 건물의 에너지 손실이 커지고, 커튼월 표면이나 내부에 결로가 발생해 고급건물의 이미지를 해치는 등 여러 가지 골치 아픈 문제가 생긴다.

　컨설팅 비용으로 시간당 30달러씩 받았는데, 컨설팅비로 그리 큰 액수는 아니지만 근무시간이 자유롭고 누구에게도 간섭받지 않으면서 원하는 시간에 원하는 만큼 일하면 되니 괜찮은 일거리였다. 더구나 나의

284

보스는 나에게 근무시간을 좀더 할애해줄 것을 항상 바랄 정도로 일거리가 계속 기다리고 있었다.

당시 낮에는 주로 학교에 나갔기 때문에 보통 저녁이나 주말에 특별히 할 일이 없거나 돈이 필요하면 회사에 가서 일했다. 그야말로 시간은 돈이었고, 빈둥거릴 시간을 없앨 수 있어서 좋았다. 그 일을 시작한 이래 돈 버는 재미 말고도 좋은 점이 하나 더 생겼다. 가족들이 더 이상 백화점 쇼핑을 함께 가자고 조르지 않는다는 점이었다. 가기 싫다는 사람을 억지고 끌고 다니며 서로 힘들게 할 필요도 없을 뿐 아니라 그 시간에 차라리 회사에서 일하게 두는 것이 꿩먹고 알먹고 피차 좋은 일이었기 때문이다.

그날도 쇼핑의 번거로움을 피해 회사에 나왔다. 음악을 틀어놓고 커피를 마시면서 컴퓨터 앞에 앉아 잠시 몽상 속으로 빠져들었다. 한 시간에 30달러면 하루는 24시간이고 1년은 365일이니 한 시간도 쉬지 않고 일을 한다면 1년에 30달러×24시간×365일=26만 달러를 벌 수 있다. 만약 내가 앞으로 30년을 일할 수 있다면 30년×26만 달러=800만 달러, 우리 돈으로 약 80억 원에 해당하는 액수다. 대단한 액수다.

그러나 거꾸로 생각해보면 나에게 80억 원만 주면 30년 동안 매일 24시간씩 나를 마음대로 부려먹을 수 있다는 말이 아닌가. 여기에서 잠자는 시간과 쉬는 시간, 그리고 노는 시간에 해당하는 만큼의 돈을 다시 반납해야 한다면 이 액수는 그나마 훨씬 줄어든다. 굳이 수백억씩 하는 프로 스포츠 선수들의 연봉과 비교하지 않더라도, 이 정도 액수와 한평생을 바꿀 수 있다고 생각하니 갑자기 허무해지기 시작해 몽상에서 빠져나왔다.

누구나 한번쯤 자신의 몸값에 관해 생각해본 적이 있을 것이다. 여러 각도에서 생각해볼 수 있겠으나 우선 우리 인체의 가격으로 생각해보자. 인체를 탄소^C, 수소^H 등의 기본적 화학원소로 나누고 시장가격으로 합산하면 수천 원 정도가 된다. 화학실험실에서 쓰는 최고급의, 순도 99.9퍼센트의 원소가격을 대입한다 해도 수만 원이다.

만일 몸값을 고기 무게로 계산하면 최고급 한우가격의 약 두 배로 쳐서 100,000원(1kg당)×2배×70kg로 계산했더니 대략 1,400만 원 정도가 된다. 음… 이렇게 무게로 계산하지 말고 심장, 콩팥, 안구 등 장기를 하나씩 나누어 계산하는 편이 더 유리할 것 같다. 인체 장기에 대해 시장가격이 형성되어 있는 것이 아니므로 장기가 필요한 사람들의 입장에서 미루어 내 마음대로 생각해보면 각 장기당 대략 수천만 원에서 수억 원 정도 될 것이다.

그렇지만 인생의 가격을 물질적인 인체의 값으로 계산할 수는 없다.

사람의 몸값

분석방법	계산내역
원소가격	탄소, 산소, 수소 등 원소의 가격=수천~수만 원
살코기가격	몸무게 70kg×100,000원/1kg×한우가격의 2배=1,400만 원
장기가격	심장 5,000만 원+콩팥 3,000만 원×2개+간 5,000만 원 +안구 2,000만 원×2개+기타 1억 원=3억 원 (물론 전혀 신빙성 없는 가격)
연봉 합계	연봉 5,000만 원×30년=15억 원
평생 시간수당	시간당 1만 원×24시간×365일×70년=61억 원
주관적 가치	가치 0~∞원 (자신의 가치관에 따라 결정)

우리는 노동을 함으로써 수익을 올리고 우리의 일생은 시간들의 모임이다. 따라서 인생의 값어치는 자신이 몸 바친 수익성 노동시간으로부터 계산해볼 수 있다. 운이 좋아 정규직을 얻어 30년 정도 직장생활을 한다면 연봉을 고려해 일생 동안 벌어들이는 가치는 보통 10~20억 원 정도다. 만일 최저임금 수준으로 아르바이트를 한다고 계산하면 잠도 자지 않고 24시간 일해야 17억 원을 벌 수 있다.

우리는 어떠한 일로 시간을 보내면 시간에 비례해 머릿속이 그 일로 채워지고 마음도 그 일에 빼앗긴다. 과연 시간당 얼마를 받아야 내 인생에 주어진 모든 시간과 영혼을 내줄 수 있을까. 우리는 점점 돈의 노예, 시간의 노예가 되어가는 것은 아닌지 모르겠다.

우리는 하루 저녁쯤 시간당 수입을 포기하고 가족들과 함께 백화점 나들이를 하며 소중한 가치를 느낄 수도 있고, 도움이 필요한 사람들과 사랑을 나누는 귀한 시간을 가지며 가치를 느낄 수도 있다. 내가 생각하

고 추구하는 삶의 무한 가치는 도대체 어디에 있는 걸까? 자신이 목표로 하는 그 가치에 의해 자신의 인생가격이 결정될 것이다. 하루 종일 의미 없는 1원짜리 동전을 주우며 하루의 해를 저물게 할 수는 없다.

기술 컨설팅

엔지니어는 기술사Professional Engineer를 취득함으로써 비로소 자신의 이름으로 기술행위를 할 수 있다. 기술사는 기술활동을 위한 면허증으로 의사의 의료면허증이나 변호사 자격증과 같은 것이다. 기술사가 된 후 큰 회사에 취업하는 경우도 있지만 스스로 회사를 세워 개인적으로 기술 컨설팅을 할 수도 있다. 컨설팅에는 프로젝트 별로 일을 수행해주는 경우도 있고 시간당 자문료를 받고 기술자문을 해주는 경우도 있다.

커튼월curtain-wall

건물의 하중을 기둥이나 보와 같은 골조가 받쳐주는 건물구조에서 벽체는 단순히 공간을 칸막이하는 커튼 구실만 하게 된다. 이러한 건물의 벽체를 커튼월이라고 한다. 우리나라 건축용어로는 '비내력 칸막이벽'이라고 한다. 커튼월은 외부의 비나 바람을 막고 소음이나 열을 차단하는 구실을 한다. 기둥과 보가 외부에 노출되지 않고 유리나 알루미늄 등의 외장재가 드러나는 근대적 건축양식에서 많이 쓰이며, 대표적인 커튼월 건물로는 뉴욕에 있는 국제연합 빌딩이 있고, 우리나라 최초의 커튼월 건물은 명동의 성모병원이다.

7

역해석 문제

거꾸로 보기

　나이가 어지간히 들어서야 비로소 내가 평생 동안 어떤 식으로 연구해왔는지 알게 되었다. 한마디로 말하면 '조건을 주고 결과를 구하는 일'을 해왔다. 연구대상과 접근방법이 달라도 이론적으로나 실험적으로 원인을 제공하고 그에 따른 결과를 관찰하는 일은 마찬가지였다.

　이론적으로 연구할 때는 어떤 현상을 지배하는 수학적 모델을 세우고 물리법칙을 적용해 지배방정식을 유도한다. 주어진 초기 조건이나 경계 조건에서 시간이 지남에 따라 또는 공간이 달라짐에 따라 어떤 변화를 보이는지 해석한다. 여기서 '해석한다'는 말은 지배방정식(수학적 모델에 따라 물리현상을 설명하는 변수를 구하기 위한 방정식)을 푼다는 의미이며 수학적으로 해를 구하거나 수치해석적으로 값을 구하는 것을 말한다.

해석대상이 유체현상이건 동역학현상이건 지배방정식만 다를 뿐 조건을 주고 결과를 구하기는 마찬가지다.

실험적 연구에서는 모형장치를 제작하고 여기에 실험조건을 부과한 후 결과가 어떻게 나오는지 측정한다. 측정한다는 사실이 이론 해석과 다를 뿐 조건을 주고 결과를 구한다는 의미에서는 역시 마찬가지다. 이는 나뿐 아니라 대부분의 이공계 분야 연구자들이 하고 있는 공통적인 접근 방식이다.

하지만 이와는 반대로 관찰된 결과로부터 주어진 조건이나 원인을 찾아내야 하는 경우가 있다. 이러한 문제를 역문제inverse problem라고 한다. 역문제는 정방향 문제보다 난해하고 결과도 정확하지 않다. 엄밀해(주어진 방정식에서 수학적으로 완벽한 해)를 구하기 어렵고 해가 유일하지 않은 경우도 많다. 그렇기 때문에 시행착오를 반복하면서 통계적으로 미루어 유추한다.

쇠구슬에 초기 온도를 주고 한 시간 후의 온도 변화를 구하는 문제가 정방향 문제라면, 현재 온도로부터 한 시간 전 쇠구슬의 온도를 유추하는 문제는 열전달에 관련된 역문제다. 또 나무의 나이테를 보고 지난 몇 년 동안의 기후 변화를 유추하거나 지구의 현재 상태로부터 태초의 온도 조건이나 경과시간 등을 역추적하는 것도 역문제를 푸는 것이다. 대부분 시간을 거슬러올라가면서 원인이나 초기 조건을 규명하는 문제들이지만, 현재의 정보를 가지고 미래를 유추하는 경우도 종종 있다.

공대생들은 해가 정확하게 떨어지지 않는 지저분한 문제를 별로 좋아하지 않는다. 하지만 기존의 문제를 반대 방향으로 바라보면 그동안 다루던 문제들이 새롭게 보인다. 결과로부터 원인을 추론하는 귀납적 접근

방법을 응용하면 다양한 분야에서 새로운 기술적 문제를 도출해낼 수 있고, 그 해결방법이 제시될 수도 있다.

건물 어느 지점에서 화재가 발생하거나 테러에 의해 독가스가 살

	정방향 문제 (조건을 주고 결과를 관찰)	역방향 문제 (결과를 보고 주어진 조건을 유추)
열전달	쇠구슬을 가열한 후 시간에 따라 온도 변화를 관찰하는 문제	현재 측정된 쇠구슬의 온도로부터 몇 시간 전 온도를 유추하는 문제
우주	태초의 상태와 경과시간을 이용해 현재 상태를 해석하는 문제	현재 상태로부터 태초의 상태나 이후 경과시간을 유추하는 문제
기후	기후조건을 변화시키면서 나무의 나이테가 생성하는 형태를 구하는 문제	현재 나이테 모양을 보고 그동안의 기후변화 과정을 유추하는 문제
독가스	독가스가 특정 지점에 살포됐을 때 건물 내 농도 확산을 관찰하는 문제	현재 건물 내 가스 분포를 측정해 독가스 살포 위치와 발생 강도를 유추하는 문제
화재	화재가 특정 위치에서 발생했을 때 이후 화염 전파를 해석하는 문제	현재 화염 분포 상황을 보고 화재발생 위치나 화재 강도를 추적하는 문제
낙진	체르노빌 원자로 폭발로 주변국에 나타나는 낙진현상을 예측하는 문제	여러 지역에서 관측된 낙진으로부터 어디서 무슨 일이 발생했는지 추적하는 문제
해류	물고기 떼가 몰려다니는 위치로부터 바닷속 이산화탄소 농도 분포를 구하는 문제	현재 바닷속 이산화탄소의 농도 분포를 측정해 물고기 떼의 이동 경로와 크기를 추적하는 문제
화학	화학물질을 혼합해 새롭게 만들어지는 물질을 예측하는 문제	만들어진 혼합물로부터 원래의 화학성분을 분석하는 문제
고장	기계부품을 오작동시킨 후 나타나는 시스템의 성능을 측정하는 문제	현재 나타나는 시스템의 이상 작동상태로부터 오작동 원인을 유추하는 문제
의사	병원균을 환자에게 주입하고 나타나는 증상을 관찰하는 생체실험 문제	현재 나타나는 증상으로 병을 진단하는 문제

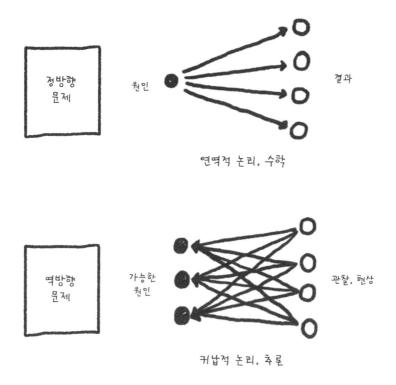

정방향 문제

원인

결과

연역적 논리, 수학

역방향 문제

가능한 원인

관찰, 현상

귀납적 논리, 추론

포되면 가스는 전체 공간으로 확산된다. 화재발생 위치와 강도를 주고 CFD(전산유체역학)를 써서 시간이 지남에 따라 건물 내 연기가 어떻게 확산되는지 풀어내는 것이 흔한 해석방법이다. 그런데 거꾸로 접근해 몇 군데에서 측정된 가스농도값을 이용해 화재의 발생 위치와 강도 등을 추적하면 매우 흥미로운 문제가 된다. 또 기계 시스템이 오작동할 때 나타나는 증상을 관찰하면 고장난 위치와 고장의 종류 등 그 원인을 유추하는 실용적인 문제로 접근할 수 있다. 불량품이나 사고에 대한 신뢰성 평가문제나 베이즈 확률*에 의한 일반적인 추론문제 역시 역해석 범주에 들어간다.

생각해보니 의사들은 대부분의 엔지니어들과는 반대로 항상 역문제를 취급해왔다. 의사가 하는 일은 주로 진단하는 일인데, 진단이란 환자의 증상을 보고 병의 원인을 규명하는 일이다. 열이 나는지, 머리가 아픈지, 피부에 반점이 생기는지 등 결과로 나타난 환자의 상태를 본 후 침투한 병원균의 종류나 감염시점 등 어떤 조건이 주어졌는지 유추한다. 거꾸로 병원균을 환자에게 투입하고 어떤 증상이 나타나는지 관찰하는 식으로 문제에 접근하지는 않는다. 물론 의약품의 임상실험 같은 정방향 연구도 수행하지 않는 것은 아니지만 말이다.

익숙한 접근방법이나 고정적인 사고틀에서 벗어나면 세상이 새롭게 보인다. 주어진 문제에 대해 남들과 다르게 생각하고 독특한 답을 구하려고 노력해보자. 여기서 한 발 더 나아가 답과 문제가 완전히 뒤바뀐, 즉 주어진 문제의 답을 구하는 것이 아니라 주어진 답의 문제를 찾아가는 완전히 뒤집어진 세상을 상상하는 것도 흥미로울 것이다.

베이즈 확률

18세기 통계학자인 토마스 베이즈Thomas Bayes(1701~61)의 이름을 따서 명명했다. 기존의 확률론이 발생 빈도나 어떤 시스템의 물리적 속성으로 여겨지는 것과 달리 베이즈 확률론은 확률을 주관적인 지식이나 믿음의 정도를 나타내는 양으로 해석한다. 베이즈 확률론은 심리학·사회학·경제학 이론에 많이 응용된다.

8
리버스 엔지니어링
짝퉁과 벤치마킹 사이

일반적인 엔지니어링 작업은 공학적인 해석을 통해 제품을 설계하고 그 설계도면에 따라 제품을 생산한다. 반면 리버스 엔지니어링reverse engineering(역공학) 작업은 공학적 설계과정 없이 거꾸로 완성된 제품을 보고 설계도면을 뽑아낸다. 여기서 말하는 제품에는 기계장치와 전자부품은 물론 소프트웨어까지 포함된다. 리버스 엔지니어링은 제품을 분해 또는 역해석해서 그 구성이나 사양, 목적, 구성부품, 요소 기술을 파악한다.

리버스 엔지니어링은 경쟁사의 기술 수준을 파악하거나 타사 제품과의 호환부품을 만들기 위해 흔히 활용되며, 설계도면이 분실되었거나 고건축이나 유물과 같이 원래의 설계도면이 존재하지 않을 때 원래 모습을 복원해내는 데도 유용하다. 그런 반면 리버스 엔지니어링은 불법복제나

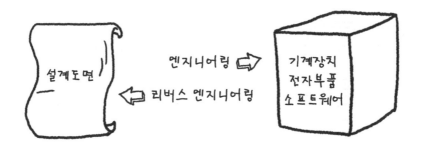

지적재산권 침해 같은 부정적인 이미지를 갖고 있기도 하다.

기업들은 역공학으로 자사 제품이 낱낱이 까발려지는 것을 막으려고 여러 가지 조치를 한다. 주요 부품을 아예 용접해버려 분해할 수 없도록 하기도 하고, 소프트웨어에 자물쇠lock을 걸어놓거나 쓸데없는 라인line을 섞어넣어 헷갈리게 만들기도 한다.

리버스 엔지니어링의 대표적인 예로 제리캔Jerry Can을 들 수 있다. 제리 캔은 군용 지프차 뒤에 매달려 있는 20리터짜리 기름통을 말한다. 사람이 들고 다닐 수 있도록 손잡이가 달려 있고 튼튼하며 무게도 적당하고 보관할 때는 빈 공간이 거의 없이 효과적으로 적재할 수 있다. 양쪽에는 커다랗게 X 자 형태로 홈이 새겨져 있어 보기도 좋을 뿐 아니라 가득 채웠을 때 바깥으로 불룩해지지 않는다. 잘 설계된 제품이다.

제리캔은 히틀러가 전쟁을 준비할 때 연료보급을 목적으로 비밀리에 개발해두었던 것이다. 독일군으로부터 압수된 제리캔은 영미 연합군 병사들 사이에서도 인기가 높아 서로 차지하려고 종종 싸움이 벌어졌다고 한다. 급기야 제리캔은 연합군에 의해 리버스 엔지니어링되어 제작 보급되었다.

리버스 엔지니어링의 또 다른 예로 B29 폭격기를 들 수 있다. 제2차

제리캔

세계대전 말기 미군은 일본을 공격하는 데 B29를 활용했다. 연합군의 일원이었던 소련은 폭격기를 개발하려던 차에 B29 설계도를 미국 측에 요청했으나 거절당한다. 당시 B29는 일본을 공격한 후 소련 영토에 비상착륙하는 일이 종종 있었다. 소련은 비밀리에 그중 한 대를 억류하고 리버스 엔지니어링으로 자신들의 투폴레프Tupolev를 개발했다. 스탈린은 B29의 볼트 하나까지도 정확하게 복사하라고 지시했다고 한다.

이 사실은 알려지지 않고 있다가 우연히 소련의 한 에어쇼에서 발각되고 만다. 에어쇼에서 B29기 세 대가 지나가고 조금 후에 네 번째 비행기가 지나갔다. 에어쇼에 참석했던 미국 군사전문가들은 깜짝 놀랐다. 왜냐하면 그들은 소련에 B29기가 세 대밖에 없다는 사실을 잘 알고 있었기 때문이다.

우리나라에도 리버스 엔지니어링의 예가 많다. 1980년대 클론을 허용하던 IBM PC와 달리 애플은 모든 제품을 자사에서 독점적으로 생산했다. 그럼에도 불구하고 맥킨토시 전신인 애플-II가 출시되고 얼마 후 '청계천밸리'의 리버스 엔지니어링 기술자들이 순식간에 이를 복제한 파인애플-II를 내놓아 세상 사람들을 놀라게 했다.

애플-II

전자제품만이 아니었다. 명품 가방, 시계, 화장품, 술, 라면, 과자 등

수많은 제품이 복제되고 '짝퉁'이라는 이름으로 판매되었다. 요즘 중국의 리버스 엔지니어링 실력에 비하면 아무것도 아닌 것 같지만, 우리나라도 한때 '짝퉁 천국'이라는 오명을 쓴 적이 있었다. 불법복제를 두둔하고 싶은 생각은 없지만, 기존의 것을 이리저리 뜯어보면 얻는 게 많다.

앞선 기업이나 조직을 따라잡기 위해 그 대상을 면밀히 분석하고 나름대로의 발전계획을 세우는 일은 미래의 청사진을 마련할 때 흔히 시도하는 작업이다. 이러한 따라하기는 리버스 엔지니어링이 아니라 벤치마킹이라고 하는 것이 옳을 것이다. 잘나가는 회사를 물리적으로 분해해봐야 집기와 건물 콘크리트 부스러기밖에 나오지 않고, 사람의 두뇌를 뜯어내봐야 피와 뼈밖에 나오지 않는다. 두뇌의 생김새에 따라 머리가 좋고 나쁜 것이 아니고 심장의 크기에 따라 열정이 강하고 약한 것이 아니다. 벤치마킹이란 단순한 모방이 아니라 앞서가는 업체의 성공한 상품이나 기술, 경영 방식 등의 장점을 충분히 배우고 익힌 후 자사의 환경에 맞춰 재창조하는 것이다.

따라하고 싶은 대상이 있다는 것은 누구에게나 좋은 일이다. 우리 주변에는 잘나가는 조직도 있고 본받고 싶은 사람도 많다. 중요한 것은 눈에 보이는 껍데기만 리버스 엔지니어링해서 따라할 것이 아니라 그 안에 들어 있는 알맹이를 제대로 따라하는 일이다.

9
발상의 전환
불량 테이프

　새로운 기술을 개발하거나 새로운 제품을 발명할 때 고정관념을 깨는 발상의 전환이 결정적인 역할을 하는 경우가 많다. 역발상으로 제품 개발에 성공한 예로 자주 인용되는 사례가 미국 3M 사의 포스트잇이다.

　투명테이프와 고무풀로 유명한 이 회사는 더욱 강력한 접착제를 만들기 위해 연구개발에 착수했다. 그러나 막대한 연구비를 들여 개발한 화학물질은 결과적으로 점착력이 매우 약했다. 그런데 실패로 끝날 것 같았던 이 연구는 점착력이 약한 접착제라도 쓸모가 있다는 역발상을 통해 대성공으로 변신했다. 쉽게 붙였다 뗐다 할 수 있고, 뗀 자리가 깨끗한 포스트잇이 탄생한 것이다.

　공학에서뿐 아니라 일상생활에서도 발상의 전환을 응용할 수 있다.

여기서는 역발상을 이용해 금연하는 방법을 소개한다.

결심은 대개 중도에서 좌절된다는 것을 우리는 잘 알고 있다. 작심삼일. 결심을 이행하지 못하고 중도에서 포기하면 금연하지 못한 사실보다 결심을 이행하지 못한 자신의 나약한 의지에 실망한다.

여기서 역결심 방법을 생각해보자. 역결심 방법이란 '결심은 깨어지게 마련이다'라는 사실을 역이용해 원하는 것과 반대로 결심하는 것이다. 연말이 되면 새해부터는 금연하겠다고 결심하곤 한다. 이때 역결심을 이용해 새해부터 담배를 끊는 것이 아니라 거꾸로 새해부터는 담배를 피우겠다고 결심하는 거다. 이는 새해가 되기 전까지는 담배를 피우지 않겠다는 의지이기도 하다. 불확실한 미래에 담배를 피우지 않는 것보다 확실한 현재에, 하다못해 연말까지만이라도 담배를 피우지 않는 것이 중요하기 때문이다.

며칠만 참으면 다시 담배를 피울 수 있기에 정신적 부담이 그리 크지 않다. 아이들이 소풍날을 기다리듯 빨리 새해가 오기를 기다린다. 연말 내내 새해가 되어 담배 한 대 피울 희망을 가지고 살아간다. 요즘같이 세월이 빠르다고 생각하는 사람들에게는 더더욱 좋다.

그러다가 1월 1일이 되면 결심을 지키거나 못 지키거나 둘 중 하나다. 원래 결심한 대로 담배를 피우게 되면 스스로 결심한 바를 행했으니 그것만으로도 훌륭한 사람이 된 셈이고, 연말에 잠시 금연한 것만으로도 도움이 됐을 것이다. 만약 결심을 지키지 못하고 담배를 계속 안 피우게 되면, 스스로 약속을 지키지 못한 것이 부끄럽기는 하겠지만 금연에 성공했으니 윈윈 전략이 아닌가.

우리는 결심을 지키지 않는 것에 워낙 익숙하기 때문에 약속을 안 지

킬 확률이 더 높다. 그러면 다시 결심하면 된다. '또 결심을 못 지켰구나. 다음주 월요일부터는 꼭 피우자' 또는 '음력 설부터는 무슨 일이 있어도 피우겠다' 등 지금은 끊고 그때부터 담배를 피우겠다는 결심을 다시 한다. 작심삼일을 이용해도 된다. 3일 간격으로 결심했다가 깨면 어떤가. 그러면서 결심기간을 조금씩 늘려나가는 거다.

금연뿐 아니라 공부도 마찬가지다. 우리는 흔히 '일단 오늘까지는 놀고 내일부터 열심히 공부해야지'라고 결심한다. 또는 '조금만 자다가 일어나서 밤 12시부터 시작해야지'라고 결심한다. 그러나 솔직히 말해 나는 일단 잠들면 그만이지, 다시 일어나서 공부한 적이 별로 없다. 대개는 불편한 자세로 쭈그리고 잠들었다가 새벽 3~4시에 깨어나 밤새도록 하얗게 켜져 있는 형광등을 끄고 찌뿌둥한 몸과 찜찜한 마음으로 다시 잠자리에 드는 경우가 대부분이었다. 그래서 나는 자정부터가 아니고 자정까지만 공부하다가 자기로 결심하곤 한다. 이 경우 막상 정해놓은 시간이 되면 오히려 하던 일에 발동이 걸려 원래의 약속을 '못 지키고' 계속하게 되는 경우가 허다하다.

우리에게는 '부터'의 결심보다는 '까지'의 결심이 더 효과적이고, 불확실한 '미래'의 계획보다는 확실한 '현재'의 이행이 더 중요하다. 이제부터 이런 방법을 이용해 한 가지씩만이라도 역결심을 해보는 게 어떨까.

10
기술문명
사회를 바꾸는 잘된 엔지니어링

'새로운 기술이 생활을 바꾼다.'

인류 역사를 돌이켜보건대 기술발전이 문명을 이끌어왔고, 더 나아가 물질문명이 정신적 세계와 문화를 바꿔왔다.

위대한 발명품이란 여러 가지 측면에서 인류의 삶을 크게 바꿔놓은 것들이다. 인류 최고의 발명품으로 나침반과 화약 그리고 인쇄술을 꼽는다. 나침반은 자신의 위치와 방향을 파악할 수 있도록 해 항해는 물론이고 원거리 육로여행을 가능하게 해주었다. 나침반 덕에 인류 문화집단 사이에 소통과 교류가 가능해졌다. 화약은 전쟁터에서 창과 칼로 싸우던 전투양상을 바꿔놓았고 무기의 형태뿐 아니라 견고한 성의 형태까지 바꿔버렸다. 또 인쇄술은 몇몇 사람만이 소유하고 있던 지식을 많은 사람들에게 널리 전파해 인류의 지적수준을 향상시키는 데 크게 기여했다. 지식 전파에 기여한 역할로 인쇄술 대신 종이나 금속활자를 꼽는 것도 같은 맥락이다.

여기서 인류의 기술 발전을 세계사적 관점에서 거창하게 논하고 싶지는 않다. 강조하고 싶은 건 우리가 접하고 있는 여러 가지 제품들이 우리들의 생활을 바꿔왔고 앞으로도 바뀔 것이라는 사실이다.

집의 구조가 바뀌면 행동양식이 바뀌고 거기에 따라서 생활양식도 바뀐다. 하다못해 옷걸이의 위치에 따라 가족들이 옷을 거는 행동이 달라지고 그것이 습관으로 형성되며 그 습관이 좋건 나쁘건 가족의 삶에 영향을 미친다. 20세기 초 냉장고가 보급되면서 식생활에 일대 혁명이 일어났다. 핸드폰이 보급되면서 의사소통 방식이 바뀌었고, 인터넷이 확산되면서 생활 방식의 많은 부분이 디지털 공간에 맞도록 재편되었다.

나의 생활도 여러 가지 문명의 이기들 덕분에 바뀌어왔다. 미국에서 유학 중일 때는 자동차 없이 살 수 없는 그 나라 사람들과 마찬가지로 자동차의 편리함을 만끽했다. 버스를 기다리는 불편함이 없고 오가는 시간을 절약할 수 있었다. 무엇보다도 남의 간섭을 받지 않는 나만의 작은 공간에서 어디든지 갈 수 있는 자유를 느꼈다. 오픈카를 타고 비치보이스 Beach boys의 '서핀 유에스에이Surfin' USA'를 들으며 석양이 지는 캘리포니아 해변도로를 질주하는 장면은 생각만 해도 가슴이 벅차도록 미국식 자유가 느껴진다.

한국에 돌아와서도 이러한 편리함과 자유로움을 계속 누리고 싶었다. 당시 우리나라에서도 자동차 수요가 폭발적으로 늘어나면서 다행히(?) 모든 것이 자동차 중심으로 바뀌고 있었다. 좁은 길은 넓혀지고 주차장이 계속 만들어졌다. 그러나 폭발적으로 늘어나는 자동차 수요에 맞추기는 역부족이었다. 여러 가지 여건이나 환경이 미국과 같지 않음을 항상 불평하면서도 자동차는 이미 습관이 되어버렸다.

항상 차를 타고 다니니 운동부족을 느꼈지만 바쁘다는 핑계로 운동할 시간을 내기가 어려웠다. 그러다 언젠가부터 동네에 있는 작은 초등학교 운동장을 걷기 시작했다. 학교에 도착하니 생각 외로 많은 사람들이 컴컴한 운동장을 돌고 있었다. 사람들도 비슷한 생각을 하고 있었나 보다. 모두들 적막 속에서 각자의 방식대로 걷는다. 말없이 똑같은 동작을 반복하는 것이 마치 사이보그들 같다. 빨리 걷는 사람, 손뼉을 치며 걷는 사람, 뒤로 걷는 사람, 체조를 하며 걷는 사람 등 가지각색이다. 나무가 많고 공기가 좋은 공원 같은 곳을 걸으면 더 없이 좋겠지만 번거로움을 무릅쓰고 멀리 가느니 그냥 가까운 학교 운동장이나 동네 한 바퀴를 도는 것이 낫겠다 싶다.

한참 동안 운동장을 걷다 보니 한심한 생각이 들기 시작했다. 시간을 절약한다며 걸을 수 있는 거리도 차를 타고 가는가 하면, 또 일부러 시간을 내서 이렇게 걷고 있다니. 우리가 사는 도시가 일과 쉼과 놀이와 운동과 생활이 모두 한데 어우러지는 그런 곳이면 얼마나 좋을까 하는 생각이 든다. 일을 하러 걸어가는 동안 자연스럽게 운동이 되고 놀이와 쉼이 함께 이루어지는 그런 삶 말이다.

영국의 찰스 황태자는 《영국건축비평서A Vision of Britain: A Personal View of Architecture》를 통해 쾌적하고 인간적인 크기의 도시환경을 만들기 위한 어번 빌리지urban village 운동을 태동시킨 바 있다. 어번 빌리지란 지속 가능한 규모를 하고 다양한 용도와 유형의 커뮤니티가 혼합되어 있는 전원도시를 말한다. 토지의 복합적 이용, 도보권 내 학교와 공공 편의시설 배치, 도심지 내 녹지공원 개발 등이 기본 개념이다. 크지도 작지도 않은 크기의 이 마을은 녹지와 도심이 한데 어우러져 있고, 일터와 가정이 서로 연계되어 있으며, 일과 휴식과 배움과 놀이가 적절히 결합되어 있고, 마을 주민들의 관계도 서로 돈독한 마치 유토피아 같은 모습일 것이다.

요즘은 생활 속에서 걷기 위해 대중교통을 이용한다. 편리하고 안전하기로 유명한 우리나라 대중교통 시스템 덕에 이동하는 데 전혀 불편함이 없고, 환승 시스템이 잘 되어 있어 시간과 비용도 더욱 절약된다. 오래 전부터 지하철을 이용하던 친구에게 이제 나도 지하철을 이용한다고 자랑삼아 말했다. 그랬더니 자신은 더 이상 지하철을 타지 않는단다. 지하철 대신 버스를 타기 때문이다. 지하철은 빠른 시간에 정확하게 목적지에 도착하게 해주지만 지하 굴속을 가는 동안의 시간이 아깝단다. 차라리 5분 더 걸리더라도 버스를 타고 바깥세상을 구경하면서 가겠노라고 말한다. 항상 나보다 한 수 앞서 가는 친구다.

동네 어귀에 서 있는 커다란 나무 한 그루가 그 동네 사람들의 생활을 바꿔놓는다. 나무에 새들이 깃들 듯 마을 사람들이 깃들고, 거기서 그 동네의 문화가 만들어진다. 그런 맥락에서 나무 한 그루도 허투루 심어서는 안 된다. 잘 엔지니어링된 제품이나 기술, 환경은 많은 사람들을 널리 이롭게 해주고 사회를 좋은 방향으로 인도한다. 그만큼 사회적 제도나 정책, 엔지니어의 역할이 중요하다.

우리 동네뿐 아니라 내가 살고 있는 서울이 제대로 엔지니어링되고, 더 나아가 대한민국이 제대로 엔지니어링되면 좋겠다. 그러기 위해 내 주변환경과 내 일과시간부터 제대로 엔지니어링해야겠다.

찾아보기

306

공대생도 잘 모르는 재미있는 공학 이야기

관찰, 측정, 계산, 상상, 응용, 공학한다는 것의 모든 것

1판 1쇄 발행 | 2017년 5월 18일
1판 12쇄 발행 | 2024년 4월 11일

지은이 | 한화택

펴낸이 | 박남주
펴낸곳 | 플루토
출판등록 | 2014년 9월 11일 제2014 - 61호

주소 | 07803 서울특별시 강서구 마곡동797 에이스타워마곡 1204호
전화 | 070 - 4234 - 5134
팩스 | 0303 - 3441 - 5134
전자우편 | theplutobooker@gmail.com

ISBN 979 - 11 - 956184 - 5 - 3 03500

이 도서의 국립중앙도서관 출판시도서목록(CIP)은 서지정보유통지원시스템 홈페이지(http://seoji.nl.go.kr)와
국가자료공동목록시스템(http://www.nl.go.kr/kolisnet)에서 이용하실 수 있습니다.(CIP제어번호: CIP 2017010223)